江苏科普创作出版扶持计划项目

U0335311

长江大保护
青少年科普手册

我们生活在长江

组织编写 南京守望自然科普中心　江苏省淡水水产研究所　江苏省动物学会

主　编 张燕宁　殷　悦　马　涛

南京出版传媒集团 南京出版社

图书在版编目（ＣＩＰ）数据

我们生活在长江：长江大保护青少年科普手册/张
燕宁,殷悦,马涛主编.--南京:南京出版社,
2022.12
 ISBN 978-7-5533-4022-7

Ⅰ.①我… Ⅱ.①张… ②殷… ③马… Ⅲ.①长江流
域—生态环境保护—青少年读物 Ⅳ.① X321.25-49

中国版本图书馆 CIP 数据核字 (2022) 第 243380 号

书　　名	我们生活在长江：长江大保护青少年科普手册
主　　编	张燕宁　　殷　悦　　马　涛
策　　划	张　洁
出版发行	南京出版传媒集团 南 京 出 版 社

　　　　社址：南京市太平门街 53 号　　　　邮编：210016
　　　　网址：http://www.njcbs.cn　　　　电子信箱：njcbs1988@163.com
　　　　联系电话：025-83283893、83283864（营销）　025-83112257（编务）

出 版 人	项晓宇
出 品 人	卢海鸣
责任编辑	孙前超
封面设计	俞　朋
装帧设计	嘉格创意
绘　　图	蒋晓伟　　俞　朋　　蔡润熹

排　　版	南京新华丰制版有限公司
印　　刷	南京互腾纸制品有限公司
开　　本	889 毫米 × 1194 毫米　1/16
印　　张	15.75
字　　数	234 千字
版　　次	2022 年 12 月第 1 版
印　　次	2022 年 12 月第 1 次印刷
书　　号	ISBN 978-7-5533-4022-7
定　　价	68.00 元

编委会

顾问

孙红英　　周长发　　高天珩　　张　洁

主编

张燕宁　　殷　悦　马　涛

编委

陈　超　　陈　婷　　董丽娜　　杜思凯　　丁兆宸　　谷慧静

何　琴　　焦亚冰　　李迪迪　　马晓娴　　彭　刚　　涂鞸立

王世成　　王政善　　王海霁　　王　静　　许晓宇　　严玮岑

组织编写

南京守望自然科普中心

江苏省淡水水产研究所

江苏省动物学会

摄影作者

蔡润执　　陈曙明　　陈国远　　常郗文　　董丽娜　　傅　萌　　黄　悦

贺从佩　　郝夏宁　　郝梓添　　姜　盟　　蒋伟青　　居　涛　　孔建国

刘成贺　　李云峰　　李辰亮　　李　鹏　　李怀仁　　李　梅　　刘思阳

莫国巍　　秦亚龙　　阮　跃　　孙华金　　肖　飞　　沈　强　　施辰舞

孙庆美　　图　松　　谭　飞　　田　锐　　王臻祺　　王　卿　　万思成

王聿凡　　武家敏　　徐　行　　向玲玉　　向　多　　徐永春　　夏　淳

袁　屏　　严少华　　姚　望　　张燕宁　　郑宽仁　　邹维明　　张　焜

周佳俊　　江勇才仁　　湖北省长江生态保护基金会　　唐家河保护区

支持单位

北京市企业家环保基金会

湖北省长江生态保护基金会

江苏省科普作家协会

东南大学

青海省三江源生态环境保护协会

治多县卓巴仓青年志愿者服务队

江苏省大丰麋鹿国家级自然保护区管理处

江苏省盐城国家级珍禽自然保护区管理处

江苏省泗洪洪泽湖湿地国家级自然保护区管理处

前言

长江，于中华民族意义非凡。

千百年来，长江贯通上下游、连接左右岸、辐辏干支流，生生不息地滋养着中华儿女。江水延绵万里，所经各处都烙下了自己独特的印记，成就了长江流域奇殊的风土民情，留下了丰富的历史遗迹和宝贵的文化遗产。

为了让青少年更深入地了解长江，南京守望自然科普中心联合江苏省淡水水产研究所、江苏省动物学会，在湖北省长江生态保护基金会、江苏省科普作家协会等单位支持下，共同组织编写了《我们生活在长江：长江大保护青少年科普手册》。

在这里，我们追溯长江之源，探索长江的足迹。我们的长江从青藏高原的雪山出发，跨越 11 个纬距、32 个经距，穿过云贵高原、两湖平原、苏皖平原，跋涉6300 余千米奔流到海。漫长的岁月，造化的鬼斧神工，长江演进出神奇多样的地质地貌，等待着我们去探寻。

在这里，我们与诗词为伍，与贤人对话，体味文韵之美。长江，自古以来就是文人墨客吟诵的对象。一首首长江诗词，随着时间之河缓缓流淌，在诗词中我们领略自然风光、解读历史故事、品味地域文化……感受长江的浩荡宽广与源远流长。

在这里，我们见证"天堑变通途"，感受长江的力量。昔日人们南渡北归，只有靠船渡，在长江上建桥，成为国人千百年来的愿望。新中国成立后，长江之上，一座座大桥通车，一道道长虹飞越，成为绝佳的风景线。"前人栽树后人乘凉"，南北交通，造福一方，中国人民用勤劳与汗水、团结与智慧编织民族伟大复兴的梦想。

长江流域动植物资源十分丰富。这里是世界农业发源地和栽培植物起源地之一，其植物资源特别是作物遗传资源是长江流域甚至全国农业可持续发展的命脉。2017年前，长江鱼类记录达到443种，包括淡水鱼类378种，接近全国淡水鱼种总数的1/3，居全国各水系之首。长江湿地众多，鸟类是湿地野生动物中最具代表性的类群，是湿地健康状况的重要指示物种，灵敏和深刻地反映着湿地环境的变迁。跟随文字与图片，我们还可以揭开长江流域哺乳动物的神秘面纱。体型高大的藏酋猴、憨态可掬的喜马拉雅旱獭、凶猛而机敏的雪豹、集万千宠爱于一身的大熊猫……这些动物界进化高等的类群，彰显着长江流域生态系统的勃勃生机。其中，长江旗舰物种长江江豚，是我国特有的水生哺乳动物，其生存状况还是长江生态的"风向标"。

然而多年来，人类无节制地索取严重伤害了我们的母亲河，长江流域生物多样性指数持续下降。幸好，长江大保护的号角已经吹响，《中华人民共和国长江保护法》自2021年3月1日起施行。在这里，我们共同见证长江流域生态环境保护和修复的成果，为实现人与自然和谐共生、中华民族永续发展而共同努力。

长江的历史，值得追忆；长江的魅力，使人陶醉；长江的故事，仍在书写……在这里，我们一起读懂长江。

编者

目录

目录

第一章

长江，
我们的母亲河

　　"你从雪山走来，春潮是你的风采，你向东海奔去，惊涛是你的气概……"提到长江，国人多能哼唱出几句《长江之歌》。

　　长江，发源于青藏高原唐古拉山脉各拉丹东雪山，全长 6300 余千米，是亚洲第一长河，也是世界第三大河流，与黄河一起并称为中华民族的"母亲河"。长江流域总面积约 180 万平方千米，约占我国陆地总面积的 1/5，干流流经我国 11 个省级行政区（青海、西藏、四川、云南、重庆、湖北、湖南、江西、安徽、江苏、上海），数百条支流连接南北，通过大运河贯通海河、黄河、淮河、钱塘江几大水系，从吴淞口汇入滔滔东海。

　　大河不语，日夜奔流不息。

　　长江，如巨龙盘桓，护佑一方。从源头到河口，两岸土地受长江的恩泽，孕育出独特的生态系统，成为我国珍稀濒危野生动植物集中分布区域。

　　长江，横贯东西，通络南北，促进多地域交流，源源不断地为我们输送着活力与生机。她滋养了青海的纯净，孕育了巴蜀的喧嚣、荆楚的富庶，促进了江南的繁华，成就了上海的辉煌。

　　长江，在中国的版图上走出一个大大的"V"字，与黄河一起，决定了中国的格局。凡有大江大河之地，多有人类文明的诞生。黄河北上，长江南下，长江与黄河一起，相互依存、彼此交融，源远流长，共同成就了中华文化的繁荣昌盛。

　　长江，是生命之河，是黄金水道，是文化之河。对于中国人来说，它代着生命之源，代表着经济命脉，代表着文化瑰宝，是中华民族的母亲河。

长江之水
天上来

400 多年前，有个小男孩住在长江之边富庶的江阴，他每天看着江水滔滔从家门口流过，心中一直有个疑问："这些水都是从哪里来？这样源源不断奔流入海，为什么没有流完的一天？"

一天天过去，小男孩长大了，他的想象力并没有随着年龄的增长而消亡；相反，他试着用脚步丈量长江，用文字记录沿途旅程，用其一生，寻找问题的答案。

这个小男孩就是徐霞客。教科书上称他为地理学家和文学家，但大家更愿意认定他是伟大的探险家。见到水，就要沿河溯源；见到山，就要翻到尽头。一本《徐霞客游记》带我们走遍山川，而推动这个行者一生不停歇的原始动力，就是这个最简单、最原始的问题："长江从哪里来？"

在《徐霞客游记》出版之前，我们从《山海经》的神话故事中探索答案。那时候人们相信岷江是长江的源头。这个观念在《尚书·禹贡》里又得到了巩固。《禹贡》讲述大禹治水和九州的山川地理，相传《尚书》是孔夫子亲自删定的，"圣人之言"奠定了它的权威地位。从此，经历汉、唐、宋、元，人们纵有疑惑，也不愿意挑战儒家经典。

其实，那么长时间以来，人们认为岷江是长江的源头，这很好理解。毕竟，岷江从四川盆地和川西高原的边界流过，如果要继续验证，需再向西穿越横断山脉，来到西南蛮夷之地。除了被贬，谁会到那里去？直到徐霞客付出了生命的代价，用自己的脚丈量出金沙江比岷江长，认为金沙江才是源头。从此，国人对长江的认知新上了一个地理阶梯。

徐霞客坚信，金沙江的后面一定还有一个世界，但他的探索只能止步于丽江。云南的毒虫、病菌让行者停止了前行，他感染足疾到无法站立的程度，被丽江的土司好友雇了顶轿子，一路抬回长江下游的江阴。探索者徐霞客死于探索。而世人对长江源头的定位也一直在迷雾中，直到1978年，江源考察队终于用实证解决了"长江的正源在哪里"的难题。

与长江之源的扑朔迷离不同，从唐朝初年开始，中国人就对黄河源头有了比较正确的认知。

巴颜喀拉山脚下平缓的河谷和盆地中，高原永冻土层千年不化，高山拦截下雨雾之后，在这里形成大大小小的湖泊，更有泉眼永不干涸。从山上俯视，水塘点缀在高原草甸上，在阳光下金光璀璨，好像天上的星宿降临，人们就把孕育黄河的这片区域叫作"星宿海"。

长江之水天上来　施辰舞　摄

从贞观年间开始，这里就是唐朝和吐蕃往来联系的主要通道之一，当年松赞干布就曾经在黄河源头亲自迎接文成公主入藏。中原的历史也可以说是与黄河泛滥搏斗的历史，此后很多帝王都曾派遣官员来探索黄河源头，祭拜河神，祈求这条"巨龙"风平浪静。

虽然直到清乾隆年间才真正考察出注入星宿海的卡日曲是正源，而后，直到1978年的科考勘查，才最终精确认定卡日曲源头的5个永不干涸的泉眼是黄河正源，但1000多年来人们对于黄河源的认知都是比较准确的。

要确定长江的源头则困难得多。清康熙年间绘制疆域地图时想要溯源长江，勘测人员顺金沙江来到通天河区域，看到无数辫状水系像姑娘长发披散一样，散布高原，只能就此作罢。晚清民国时期，斯文·赫定等世界级探险家也没能成功锁定江源。

从民国开始，很多学者认为，巴颜喀拉山北麓的星宿海"养育"了黄河，而它的南麓也有无数辫状水系注入通天河，这一片区域就应该是长江的源区了，只需要厘清到底哪条"发辫"是最长的正源就好。于是，很长一段时间以来，人们相信，长江、黄河发源于巴颜喀拉山的一南一北，中国的两条"巨龙"是姐妹河。也有人认定，长江之源在昆仑山。从可可西里腹地，同样流淌出多条变幻莫测的辫状水系汇入通天河，拥有无数传说的父神山昆仑，流淌出中国最长、最丰饶的母亲河，这也符合长江的地位。

然而，科学并非浪漫幻想，但又最为浪漫。实地勘探印证，长江正源是沱沱河，它来自唐古拉山脉。

神山冰川唐古拉山，藏语意为"高原上的山"，蒙古语意为"雄鹰飞不过的山"。的确，

它横在青藏高原中部，分开了青海和西藏，向西延伸到中亚的喀喇昆仑山脉，向东急转南下延伸到横断山脉，从 5000 米的高原隆起，几乎整个山脉都在雪线以上，平均海拔在 6000 米以上，冰川纵横。

而这座"雄鹰飞不过的山"的主峰则是各拉丹东雪山（6621 米），它是一个由 20 多座雪山组成的集群，我们的长江从这里流出。这座山峰孕育了数量惊人的冰川，其中最壮观的是西南侧长达 20 多千米的巨大冰川，它被称作"姜古迪如冰川"，藏语意为"狼山"，凡人翻越不过的意思。冰川在海拔 5400 多米的地方渐渐融化成丝丝缕缕的细流，汇聚成河，看似脆弱，但有玄冰在天，江源万年永不断。伟大的山脉中，最伟大的山峰里，最伟大的冰山上，走出了我们最爱的长江。长江之水，真的从天上来。还有什么比这个更浪漫的呢？

远道而来的雄鹰飞不过唐古拉山，凡人越不过姜古迪如冰川，但云能飞过。不远万里而来的水汽为属于半干旱地区的唐古拉山带来了冰川，这些远道而来的云，是长江的真正源头。或者说，太平洋和印度洋的水才是长江真正的源头。

夏天，太平洋吹来的东南季风携带着丰沛的水汽，一路经过江南，跟副热带高压一同作用，带来梅雨季节，越过三峡，让本来就云雨终日的巫山雨水更丰沛，穿过四川盆地，顺横断山脉之间密布的峡谷而上，终于见到青藏高原上的一众神山。

再转看印度洋，地球上最强劲的西南季风带着印度洋的温暖潮湿，艰难渗透过平均海拔 7000 ~ 8000 米的喜马拉雅山脉，给雅鲁藏布大峡谷带来降雨和生机。之后被海拔

班德湖　施辰舞 摄

6000 ~ 7000 米的冈底斯山脉和念青唐古拉山脉阻拦，等来到平均海拔高于 6000 米的唐古拉山脉，微弱的水汽被高山再次挽留。

这些 6000 米以上的"巨人"，将成为云雾跋涉万里的终点。高于雪线的山会直接将云拦住，它们往往都来不及变成降水，就直接转化成雪花，加入雪山上本已经厚实的雪层。

雪线以上，冰雪难以融化，雪层只会越积越厚，最终在底部形成紧密的冰层。如果找到向山下走的通道，压力下冰川就会渐渐成形，碾开山谷，为自己开路。山顶新来的云不断变成雪，一片一片为冰川增加质量，补充新鲜血液。凝固了的巨量淡水在重力作用之下，极为缓慢但不可阻挡地向下移动。

等来到海拔 5400 米左右的雪线附近，冰雪就会缓缓融化，形成深度不过 20 厘米的小溪，这就是初生的长江。

最壮阔的旅程从这里开始，各拉丹东的冰川融成涓涓细流，从各处点滴汇入，成为长江正源沱沱河。

与此同时，南面的当曲也正在积蓄力量，虽然同样发源于唐古拉山，但它的性格跟来自冰川、高冷迅捷、挟裹泥沙的沱沱河完全不一样。当曲生成于唐古拉山脚下那片世界海拔最高、面积最大的高原湿地。永冻层上的不冻泉，绿莹莹的高原草甸上，湖沼星罗棋布，恍惚与隔了一座山的姐妹——黄河源头神交形似，这是水草丰美的另一个星宿海。

经过广阔湿地的调蓄过滤，当曲水量丰沛而清澈，流速和缓。当它在囊极巴陇与沱沱河相汇后，就变成了通天河。通天河一路向东奔流，楚玛尔河从北面汇入，带着昆仑山下可可西里的红色泥土，再迎来巴颜喀拉山的冰川汇入的一众支流，长江之源通天河集结完毕。

长江已经开始了在这个星球上最壮阔的旅程，它将跨越 11 个纬距、32 个经距，从青藏高原出发，穿过横断山脉、云贵高原、两湖平原、苏皖平原，跋涉 6300 余千米奔流到海。

长江流域

中国西高东低的地形，形成三级巨大阶梯。这决定了中国的两条大河必将从其源头一路向东，奔流不息。第一阶梯由青海南部、四川西部高原和横断山区组成，海拔平均在 3500 ～ 5000 米。第二阶梯为云贵高原、秦巴山地、四川盆地和鄂黔山地，海拔平均在 500 ～ 2000 米。第三阶梯由淮阳山地、江南丘陵和长江中下游平原组成，平均海拔在 500 米以下。

滚滚长江东逝水，万里长江从青藏高原的雪山汇集，从沼泽湿地细细涌出，横贯北纬 30 度线上的中国大陆。跨过中国地形的第一、二、三级阶梯，流经高原、峡谷、盆地、平原，既分道扬镳，向外扩展，又调转方向，一同东流。按照中学地理课本的讲述，长江以湖北宜昌与江西湖口为分界点，分为上游、中游与下游，沿途不拒细流，汇纳百川，最终来到上海崇明岛以东，注入太平洋。

对照地图我们会发现，按这个划分方式，长江上游几乎占到了长江全长的 2/3，且在下游区段中，随着长江与东海越来越近，其地形变化也越来越明显。所以，我们采取了比较细致的五段划分方式，把长江分为：1. 长江源区，从长江源头到青海玉树巴塘河口，这一段，我们称为"沱沱河"和"通天河"；2. 上游，从巴塘河口到湖北宜昌，这一段，

长江流域示意图

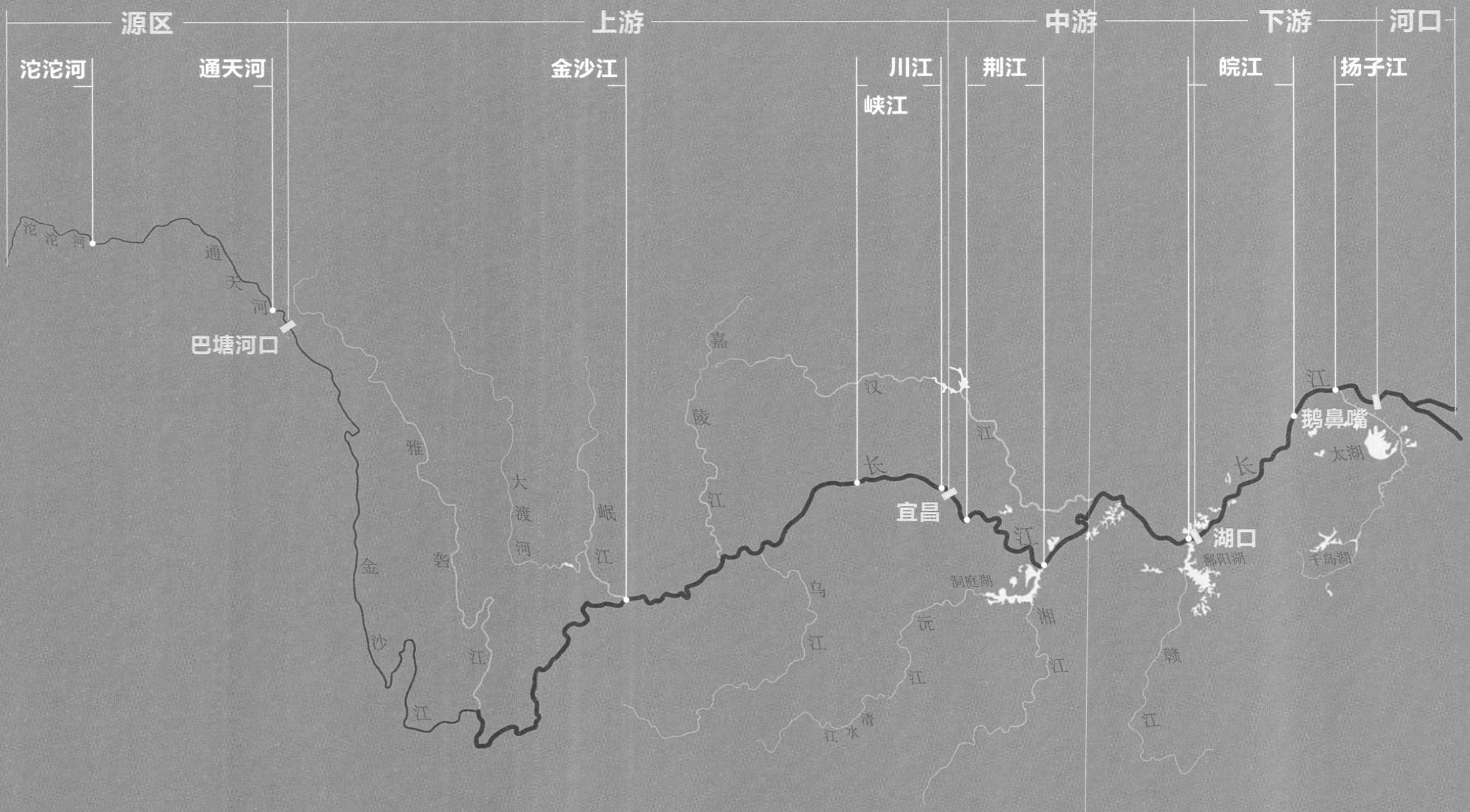

源区 | 上游 | 中游 | 下游
沱沱河 | 通天河 | 金沙江 | 川江 峡江 | 荆江 | 皖江 | 扬子江 | 河口

巴塘河口 | 宜昌 | 湖口 | 鹅鼻嘴

通天河
沱沱河
金沙江
雅砻江
金沙江
大渡河
岷江
嘉陵江
乌江
长江
汉江
洞庭湖
沅江
资水
湘江
鄱阳湖
赣江
太湖
千岛湖
长江

我们称为"金沙江"；3.中游，从湖北宜昌到江西湖口，自此，我们开始使用它的正名，"长江"；4.下游，从江西湖口到江苏江阴；5.长江河口，江苏江阴以下河段。

从源头到河口，长江横卧于中华大地，如同一棵生机勃勃的大树，雅砻江、岷江、嘉陵江、乌江、汉江、沅江、湘江、赣江等大小支流，洞庭湖、鄱阳湖、巢湖、太湖等湖泊汇入其中，终成为我们所见的大江。

长江源区，织水成辫

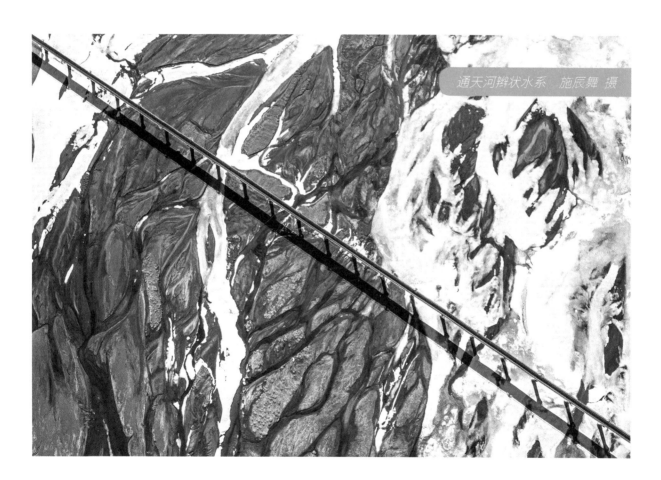

通天河辫状水系　施辰舞　摄

20世纪70年代，中国科考队才第一次来到位于唐古拉山脉的长江源，确定了长江三大源流——正源沱沱河、南源当曲与北源楚玛尔河。发现长江源后，长江以6300余千米的河流全长，正式成为世界第三长河，仅次于非洲尼罗河、南美洲亚马孙河，同时也是亚洲第一长河。此后，探索一直在进行，按照"河源唯远"的原则，沱沱河、当曲及楚玛尔河到底谁是正源还在不断的讨论和验证中。

长江北源楚玛尔河，又称曲麻莱河、曲玛河，发源于可可西里山东麓，流域地势高亢，是全中国较寒冷的地区之一。它的名字在藏语中意为"红水河"。可可西里的西部属于内流区域，有大片的盐碱滩和沙丘，每年春季强劲的风沙作用把泥沙顺河道向东搬移，使得这里成为青藏高原沙化最严重的地区，岩石中的红黄色矿物质被裹挟带出，散布于河床上，河水便呈现为红黄色。这里也是藏羚羊最爱的栖息地之一。

在长江三源地区，南源当曲是长江源降水最多的区域，当曲藏语的意思是"沼泽河"，这里发育了世界海拔最高、面积最大的沼泽湿地。在当曲源区，远处耸立的唐古拉山为当曲带来了源源不绝的冰雪融水。当曲流域是高寒沼泽湿地的集中分布区，平均海拔在

星宿海 施辰舞 摄

4600 米以上，是长江源地区湿地面积发育最大的区域。当曲湖泊、湿地星罗棋布，呈现高原面上的"星宿海"景象景观，是青藏高原生物多样性较丰富的地区之一。

长江正源沱沱河，发源于青藏高原的唐古拉山脉各拉丹东雪山群，主要以冰川融水补给为主。冰川在移动过程中裹挟了大量泥沙石块，而沱沱河的河道极为开阔，两岸无明显约束，河床易冲刷，在冰川的冲刷下河床横向变宽变浅，支流数量可观，水流时分时合、纵横交织，汉道众多，洲滩密布，可以说是辫状水系的代表性河流。

长江"幼年"水是自由的，它们随性奔腾，交织纵横，由于冰川在形成的过程中，不断削山凿路，产生了大量碎石，等末端消融后，砂石被卷入水中。同时，由于山地海拔落差大，汇聚而下的冰川融水具有极大的势能和动能，径流极不稳定，对河道的冲刷侵蚀也十分强烈。当水流变缓，便容易组成由砂石构成的河洲，在水与沙的纠缠博弈中

形成了长江源头极有代表性的辫状水系。滩多水浅的辫状河道是动物们涉水而过的通道，是鸟类停留休息的驿站，它们编织的不只有冰川、泥沙，也编织着各种野生动物的生命线。

长江上游，山峦夹持

长江上游，最精彩的景观便是峡谷，尤其是金沙江流域，从玉树的巴塘河口到丽江的石鼓第一弯，近 1000 千米都是曲折险峻的峡谷。江河的第一滴水从三江源落下，黄河北上，画出一个巨大的"几"字，长江南下，在上游完成了一个绵长的"V"字，上游流域面积 86 万平方千米，干流长度 3300 千米，占据了长江的半壁江山。

流出长江上的第一个峡谷后，楚玛尔河从北侧汇入，通天河进入下段，随后开始了长达数千千米奔赴海洋的伟大征程。从这里开始，河的流向逐渐转向东南，水势也随支流的不断汇入而增大，河床海拔高度逐渐减小，两岸山岭也逐渐逼近河岸，河道更加顺直，河槽亦渐趋稳定，直至玉树巴塘河口，最终演变为峡谷深切的河流——金沙江。

金沙江发源于各拉丹东峰（唐古拉山脉的主峰），在奔腾的长江上游，待长江水系汇聚成为通天大河后，那流入玉树市境内断山区的一支，便被人们称为金沙江。巍峨的各拉丹东雪山终年的积雪和冰川造就了金沙江。江流湍急的金沙江，在石鼓镇突然调转了头，形成闻名遐迩的"万里长江第一湾"，然后一路北上，硬是从哈巴雪山与玉龙雪山之间的夹缝中挤进去，于是便有了世界上最壮观的大峡谷——虎跳峡（位于云南香格里拉）。据说，在只有 15 米宽的中虎跳，老虎可以脚蹬着江中的巨石一跃而过，"虎跳峡"的名字便从此得来。在这里，短短 18 千米的流程落差超过了 200 米，江水变得汹涌湍急，滔天的江水拍打着两岸的岩石，两岸险峰耸峙，峡谷深邃奇绝。这里的鬼斧神工可以与三峡媲美。

古人曾这样描述这片大江："（金沙江）流经万山绝壑之中。皆峭壁悬崖，平分对峙，各其水势，奔放若走蛟龙。惟县治北界连渡口，漾出平滩，一望汪洋。天暮云卷，日色与水光争射，灿成五色飞霞，腾空上下，绚丽夺目，凝睇之际，不尽奇异之观。"

　　自金沙江流出，而后继续向前，成为峡谷纵横的川江（四川宜宾至湖北宜昌段），川江长约 1030 千米，这一段长江基本上处于全国地势的第二阶梯，大部分流程在四川盆地之中。流经四川盆地的川江，大致从西南流向东北，蜿蜒于盆地的南部。川江一直是长江水运的咽喉，特别是不到 200 千米的三峡河段，险滩密集。数百万年前，古长江和古川江贯穿巫山山脉，贯通为现有的长江，形成了举世闻名的长江三峡——瞿塘峡、巫峡、西陵峡。唐朝的著名诗人杜甫曾经有诗云："众水会涪万，瞿塘争一门。"三峡的西口入峡处，绝壁千尺，重岩叠嶂，河道被紧束在直刺青天的山峰之中，犹如两扇大门陡峭直立，因奉节古称夔州，所以这里被称为"夔门"。诗句形容川江从上面的涪陵、万县一带，汇集了众多的支流，往下在夔门处争着入峡的情景，正所谓"西控巴渝收万壑，东连荆楚压群山"的形象写照。川江以险滩多而著称，其实从地理角度看，川江属于大型山区河流，多数航道并无问题，但是川江礁石林立的险滩、水流湍急的急滩、航道浅窄的浅滩，都对航行造成了极大的威胁。作为山区河流，川江水位暴涨暴落，河道坡陡，滑坡、泥石流、坍塌等地质灾害频发，成为川江滩险的重要原因。

长江三峡

长江中游，湖泊密布

鄱阳湖生命之树

　　长江冲出三峡，到了另一个节点——宜昌。此时，长江激烈的奔腾已经结束，流速开始变缓，河道开始复杂。狂野的长江从侵蚀进入沉积阶段，孕育了中游的沃野良田。长江中游流域面积68万平方千米，干流长度955千米，水系包括了干流区间、汉江水系、洞庭湖水系、鄱阳湖水系。在这里，长江走出了一个清秀的"W"，而这个"W"的底部，便是连接了中国的第一、第二大淡水湖鄱阳湖和洞庭湖，河流湖泊汇聚成漫天星河，中国独特的"江湖"景色便在此处。

　　鄱阳湖是中国最大的淡水湖，承赣、抚、信、饶、修"五河"，连长江、接运河，是中国古代连通南北、交接东西的大动脉。夏季丰水期，碧波万顷，烟波浩渺，好似宽阔大海；冬季枯水期，湖面萎缩、蜿蜒细长，宛若一条长河。鄱阳湖也是非常重要的湿地生态系统，拥有丰富的生物种类。鄱阳湖是东亚—澳大拉西亚水鸟迁飞的重要节点，是亚洲最大的候鸟越冬地，堪称"候鸟天堂"，每年在此栖息的候鸟达 70 余万只，其中珍稀候鸟就超过 60 种。全球共有 15 种鹤类，10 种处于濒危状态。其中极危物种白鹤，历史上曾有 3 大种群，目前仅剩在俄罗斯和中国生活的种群维持着较多的个体数量，超过 98% 的白鹤都在江西的鄱阳湖越冬。鄱阳湖的鱼类多达 142 种，约占中国淡水鱼类的 18%，如此鱼虾遨游、水域辽阔之境为更高级捕食者的到来创造了绝好的条件，仅剩1000 余头的国家一级保护动物长江江豚有 450 头在鄱阳湖安家落户。

洞庭湖，位于中国湖南省北部、长江荆江河段以南，是中国第四大湖，仅次于青海湖、兴凯湖和鄱阳湖，也是中国第二大淡水湖，湖水由东面的城陵矶附近注入长江。洞庭湖之名，始于春秋战国时期，因湖中洞庭山（即今君山）而得名，并沿用至今。今天的江南指长三角一带，但最早的江南是指洞庭湖一带。屈原在他的长诗《招魂》的结尾写道"魂兮归来，哀江南"。洞庭湖曾经是中国第一大淡水湖，八百里洞庭，碧波荡漾，然而今天我们所看到的洞庭湖因人口快速增长，围湖造田，已被分割为东洞庭湖、南洞庭湖和西洞庭湖等湖泊，变成了中国的第二大淡水湖。洞庭湖是长江流域重要的蓄洪湖泊，长江有三口与洞庭湖相通，在丰水期可向洞庭湖分流，但由于多年泥沙淤积，洞庭湖日渐缩小，调蓄洪水的作用明显减弱。

除了鄱阳湖水系和洞庭湖水系，长江中游的江汉湖群也是全国淡水湖泊最密集的湖群，这些湖泊带来的千里沃野，加上适宜的气候，造就了人们赖以繁育生息的鱼米之乡，千百年来滋养着四方生灵，掌握着中国经济贸易繁荣和长江流域人民生存发展的命脉。

长江下游，商贸繁华

依托长江黄金水道，我们以共抓大保护、不搞大开发为导向，坚持生态优先、绿色发展的战略定位，建立了长江黄金经济带。长江经济带东起上海，西至云南，横跨中国东中西三大区域，覆盖上海、江苏、浙江、安徽、江西、湖北、湖南、重庆、四川、云南、贵州 11 个省份（直辖市），是具有全球影响力的内河经济带，也是全国高密度的经济走廊、东中西互动合作的协调发展带。长江经济带之强，强在用全国 21.5% 面积的土地，养活了全国 42.9% 的人口，贡献了全国 46.5% 的 GDP，是中国经济名副其实的"半壁江山"。2020 年中国城市 GDP 十强中，长江经济带占据 7 个，分别是上海、重庆、苏州、成都、杭州、武汉和南京。苏浙更是与上海并称为长江经济带的龙头。

长江下游，自江西九江湖口到江苏江阴，全长 600 多千米，汉道洲滩众多，水网密布，江水斜穿江西、安徽、江苏。两岸孕育了繁华的商贸，长江下游沿线的城市经济发展迅猛。

杭州

"江南忆，最忆是杭州。"千余年前，白居易回忆在杭州的三年时光，留下了这样的千古名句。

杭州，简称"杭"，是浙江省省会，位于浙江中北部。杭州地处长江三角洲南沿和钱塘江流域下游，地形复杂多样，西部为丘陵，东部为平原，水网密布，既有钱塘江、京杭大运河等大河，也有千岛湖、西湖等湖泊。整体来看，杭州丘陵、平原、水体占比约为 7∶2∶1，有"七山一水二分田"之说，属于亚热带季风气候，四季分明，降水充足。

杭州拥有丰富的历史文化遗迹。南起杭州、北到北京的京杭大运河历史悠久，2014 年 6 月 22 日，正式入选《世界遗产名录》。京杭大运河全长约 1797 千米，是世界上最长、最古老的人工水道，同时是中国中东部平原一个巨大的水道系统，连接了包括黄河和长江在内的中国五大重要流域。得益于京杭大运河和通商口岸的便利，历史上的杭州曾经是重要的商业集散中心。

杭州是中国著名历史文化名城。距今约四五千年的良渚古城遗址（位于杭州余杭区）是中华文明发祥地之一。公元前 222 年，秦统一六国后，在灵隐山麓设县治，称钱唐（唐朝时改为钱塘），属会稽郡。隋王朝建立后，于开皇九年（589 年）废郡为州，"杭州"之名第一次出现，这就是最早的杭州城。

南京

"烟笼寒水月笼沙，夜泊秦淮近酒家。"这是唐代诗人杜牧在南京秦淮河留下的《泊秦淮》。

南京，简称"宁"，古称金陵、建康，是江苏省省会，全国重要的科研教育基地和综合交通枢纽。南京地处中国东部、长江下游，濒江近海。

南京是首批国家历史文化名城，中华文明的重要发祥地，长期是中国南方的政治、经济、文化中心。南京早在100万—120万年前就有古人类活动，35万—60万年前已有南京猿人在汤山生活，有着7000多年文明史、近2600年建城史和近500年的建都史，

十里秦淮　武家敏 摄

被称为"六朝古都"和"十朝都会"。

南京是国家重要的科教中心，自古以来就是一座崇文重教的城市，有"天下文枢""东南第一学"之称 。南京是世界文学之都，中国历史上第一个"文学馆"、中国第一部诗歌理论和批评专著《诗品》、第一部文学理论和批评专著《文心雕龙》、第一部儿童启蒙读物《千字文》、现存最早的诗文总集《昭明文选》等均诞生于南京。南京一直以来都是中外文学交流的重要枢纽。

南京的历史和文化离不开一条河流的孕育，它就是秦淮河，在长江的数百条支流中，秦淮河小到可以忽略。秦淮河的长度只有 110 千米，流域面积 2630 平方千米，有南北两源，北源句容河发源于江苏省句容市宝华山南麓，南源溧水河发源于江苏省南京市溧水区东庐山，两河在江苏省南京市江宁区汇合成秦淮河干流。古老的秦淮河，是南京市最大的地区性河流，历史上，它是南京交通与商业贸易的重要航道，提供着城市所需的生活生产物资。秦淮河也是一条文化的河流，秦淮河畔的南京，一直有着一种开明学术氛围，从东晋书法到南唐绘画，产生了无数的文化成果，可谓"一条秦淮河，半部金陵史"。

苏州

"上有天堂，下有苏杭"，这是人们对苏州的赞誉。

苏州，简称"苏"，古称姑苏、平江，虽然不是省会城市，但却是江苏经济发展的龙头，更是长三角核心城市之一，位于江苏省东南部、长江以南、太湖东岸、长江三角洲中部。

苏州的主要地貌是长江三角洲的冲积平原，境内湖荡密布，江河纵横。全市共有流域面积 50 平方千米及以上的河流 138 条，境内总长度 2218.84 千米，河渠纵横，水网稠密，素有"水乡泽国""鱼米之乡"之称。

地处水乡的苏州在私家园林的建造中有着得天独厚的优势，以其独特的园林景观被誉为"中国园林之城"，拙政园、留园、环秀山庄、网师园、狮子林、沧浪亭、艺圃、耦园、退思园等 9 座古典园林作为江南古典园林的典型代表已被列入《世界遗产名录》。

苏州历史悠久，是吴文化的发祥地，历史上长期是江南地区的经济和文化中心，是中国首批 24 座历史文化名城之一。

长江河口，水鸟天堂

江阴以下，为长江河口段，全长 200 多千米，这短短的距离却是长江最活跃的一段。从这里，长江流入东海，告别陆地。

在这里，长江曾经因潮汐影响强烈，江面不断扩大，呈喇叭状展开，受潮汐、泥沙、地质、地貌、地球偏向力等复杂因素的影响，在其与东海海潮的相互激荡之下，在长江泥沙和海潮侵蚀相互博弈之间，口门处的沙洲不断消涨移动，泥沙不断淤积，江口多处分汊。经过多年的变迁，口门处的喇叭口渐渐消失，已形成崇明岛、长兴岛、横沙岛和九段沙等几个面积巨大的江口沙岛、沙洲及众多的浅滩、暗沙，崇明岛面积更是达 1083 平方千米。长江河口是一个建立在泥沙之上的区域，几千年来长江泥沙缓缓而稳定地向东推进，拓展了沿海居民的生存空间。借助独特的地理优势和大自然的力量，先民们在这里围塘造田，最终使这里成为全国经济发达的地区之一。

河口湿地是水圈、大气圈和生物圈的交汇区域，是地球上生态服务价值最高的生态系统之一，具有促淤造陆、保滩护岸、净化水质、固碳、调节区域气候等功能，同时也为植物、鸟类、鱼类、底栖动物等提供了生存空间和栖息地，是生物多样性保护的重要基础。

长江河口湿地拥有丰富的湿地类型，包括光滩沼泽、河口和浅海水域、潮间沼泽、河流湿地和湖泊湿地 5 种自然湿地，以及水塘、水田、水库 3 种人工湿地。由河口湿地植被、底栖生物等组成的生物类群，不仅每年都能吸引各种候鸟远道而来，或短暂停留觅食补充能量，

或落定筑巢繁育幼雏，或长期停留熬过漫漫严冬，同时还在净化水质、保持生态系统多样性上发挥重要作用。

东亚—澳大拉西亚候鸟迁徙路线是世界主要的候鸟迁飞区之一，跨越 20 多个国家，其中由大洋洲出发的候鸟会经过我国东海、黄海和渤海的沿海湿地，到达北方的西伯利亚。而长江口湿地处于东亚—澳大拉西亚候鸟迁徙路线上的中间位置，虽然在鸟类数量上并不是沿途湿地最多的，但是这里是迁徙鸟类最重要的停歇地之一，对候鸟特别是鸻鹬类

长江河口湿地 姚望 摄

物种的保护具有重要意义。长江口共记录鸟类 288 种，其中包括濒危保护水鸟如勺嘴鹬、白鹳和白头鹤等。

20 世纪 90 年代以来，在长江口逐步建立了上海崇明东滩鸟类国家级自然保护区、上海九段沙湿地国家级自然保护区和上海长江口中华鲟湿地自然保护区，使长江口湿地受到保护和管理的面积达 717.41 平方千米。崇明东滩也被列入国际湿地公约，成为国际重要湿地，崇明东滩鸟类自然保护区则成为国家级示范自然保护区。

近年来，河口湿地也面临着很多威胁，一方面在全球变暖的影响下，海洋体积膨胀，导致沿海海平面上升，河口湿地直接受到面积减少的影响；另一方面是城市发展空间拓展也极大地破坏了河口湿地生态系统的结构和功能，人类活动导致河流来水来沙变化以及河口湿地面临岸滩侵蚀后退、土地淹没、生态系统破坏等系列问题；与此同时，外来生物入侵的问题也直接改变了当地生态系统中的群落特征，进一步导致生态群落的退化与生态功能的丧失。在长江口的湿地群，鸟类也许并不是这片土地的全部，但是我们可以尽可能把最自然的海岸留给候鸟，那么它们脚下的所有生物都会有生存的一席之地。

第二章

文韵之美
诗词里的长江

大江东去，浪淘尽……千百年来，无数文人墨客在江河之间，吟啸徐行。长江，是一部流动的诗史。长江流域诗词名家辈出，多产诗词名篇。大江大河之上，波涛汹涌，荡涤了诗人的心胸，洞开了他们的眼界，也润泽了他们的笔墨。那些伴随绵绵青山、滔滔江水流淌不息的厚重诗意，形成了中国诗歌精神的泱泱干流。

长江，作为我们的母亲河，自古以来就是文人墨客吟诵的对象，"诗和远方"从来都不是割裂的。没有"远方"的诗歌，往往苍白无力、空洞无物；没有诗歌的"远方"，则显得直白、冰冷，缺乏吸引力。千百年来，无数吟诵长江的佳句在中国文学史上留下了闪亮篇幅，从"长江源头"到"长江河口"，一首首关于长江的诗词，随着时间之河缓缓流淌，在诗词中我们解读自然风光、奇丽河山、历史故事、风土人情、地域文化，感受长江的浩荡宽广与源远流长。

滚滚长江见证了华夏大地的历史不曾停歇，长江之美，因其生生不息，裹挟着我们一路走向未来。

品读诗词
传承经典

　　河流是大地的血脉。有了河流，大地因水而连，就有了活力。大河是流水的壮年，万般涓流，成就了大河纳百川而东，舍我其谁的傲气。

　　俗世喜分高下强弱之序，于是河流也有了座次。世界前十大河流中，宽若亚马孙河，

长如尼罗河，皆流经多地，贯通数国，唯有三条完全在一国版图，而中国坐拥其二。

万灵逐水而居，文明依河而建。人类自认为辉煌的历史在河流的眼里只是匆匆一瞥，一眼就是千年。造物者不紧不慢，以百万千万年为计，精雕细琢，鬼斧神工，勾勒出一幅幅奇幻的画卷。绝壁横天险，深渊走鱼龙，春风又绿江南岸，残阳铺水半江红。如果真有神灵，这就是神的指引，这就是造物者给予人类的灵感，大美而不言。

长江两岸，星河斗转，浪淘英雄，潮打空城，古战场回荡着乱石穿空惊涛拍岸的金石铮铮，旧楼台低吟的是杨柳岸晓风残月的曲词款款。荆楚大地的剑影刀光，临江阁上的画栋雕梁，西津古渡的清风明月，皆是文学作品中津津乐道的题材。白帝城、黄鹤楼、岳阳楼、滕王阁，栉的是唐诗的风，沐的是宋词的雨，昔人已逝，胜地常在，奇文永传。

春水悠悠，诉说的是依依往事，延续的是绵绵情谊。舜帝驾崩，娥皇女英泪染斑竹，投江殉情；李生懦弱，杜十娘伤恸难寄，纵身赴水。神话也好，小说也罢，似乎没有江水为衬，就失去了宏大与深刻。浔阳江头，江州司马夜诉衷肠，同是天涯沦落人，相逢何必曾相识。赏心亭上，辛稼轩登临远眺，把吴钩看了，阑干拍遍，谁人会意？岳阳楼前，

范希文笃志寄言，先天下之忧而忧，后天下之乐而乐！若没有长江之隔，情志如何能渲染得广阔高远？

长江流域有着多样的生态奇观。从大漠孤烟到激流急湍，从两岸连山到峰回路转，从山随平野尽到海上生明月。丰富的地形变化造就了地的奇貌殊容，成就了水的千姿百态。最怪的水是悬泉瀑布，飞漱其间；最清的水是水皆缥碧，千丈见底；最快的水是两岸猿声啼不住，轻舟已过万重山；最热闹的水是猿鸟乱鸣，沉鳞竞跃；最梦幻的水是桂棹兮兰桨，击空明兮沂流光……忘不了的还是年少轻狂，秋水共长天一色，落霞与孤鹜齐飞。

于是古人咏江水就有了底气。船头伫立，所见皆成诗，所咏都成文。"星垂平野阔，月涌大江流"是杜甫的豪迈抒怀；"江畔何人初见月？江月何年初照人？"让张若虚独压全唐。"鱼潜虫鸣，鸟飞兽走"给诗人带来灵感的同时，也给我们品读长江、研究长江带来一个全新的视角。

古语中的"江"，有长远的意味，愿每一位读者在此中领略江河之美，徜徉古典诗文的境界，让精神行向远方。

诗词里的
长江地理

百川东到海，何时复西归

"无边落木萧萧下，不尽长江滚滚来"是杜甫伤感的情怀，也描写了重庆的气候特征；"朝辞白帝彩云间，千里江陵一日还"是李白对江山壮丽的赞誉，也有着三峡雄奇险峻地质风貌；"乱石穿空，惊涛拍岸，卷起千堆雪"是苏轼的旷达之心，也描写到了长江岸线雄奇壮丽的景象；"天门中断楚江开，碧水东流至此回"是李白初见天门山的感叹，也是对长江流向的精细说明。

······

每每站在江边，领略江景，我们总是不由地感慨如此壮阔的山河。

七律·长征

现代·毛泽东

红军不怕远征难，万水千山只等闲。

五岭逶迤腾细浪，乌蒙磅礴走泥丸。

金沙水拍云崖暖，大渡桥横铁索寒。

更喜岷山千里雪，三军过后尽开颜。

【科普链接】

金沙江：长江的上游河段，曾名绳水、淹水。诸葛亮写"五月渡泸，深入不毛"时称为泸水，宋代因为河中出现大量沙金而改称金沙江。金沙江穿行于川、藏、滇三省区之间，其间有最大支流雅砻江汇入，至四川宜宾纳岷江后始名长江。金沙江落差 3300 米（一说 5100 米），水力资源丰富，流急坎陡，江势惊险，航运困难，河床陡峻，流水侵蚀力强。

岷山：甘肃省西南部延伸至四川省北部的山脉，大致呈南北走向（一说西北至东南走向），全长约 500 千米，主峰雪宝顶位于四川省松潘县境内，海拔 5588 米。岷山是长江水系的岷江、涪江、白水河与黄河水系的黑水河的分水岭。山地动植物资源丰富，现已建立了唐家河、王朗、九寨沟、白河、白水江和铁布 6 个自然保护区。

施辰舞 摄

峨眉山月歌

唐·李白

峨眉山月半轮秋，影入平羌江水流。

夜发清溪向三峡，思君不见下渝州。

【科普链接】

平羌江：又叫平乡江、青衣江，指的是岷江经过青神县至乐山市的这一段，属于长江的支流之一。平羌江在诗歌中常被吟咏，是著名的地名意象。北宋大诗人苏轼有一首《送张嘉州》诗，直接点化李白诗句："少年不愿万户侯，亦不愿识韩荆州。颇愿身为汉嘉守，载酒时作凌云游。虚名无用今白首，梦中却到龙泓口。浮云轩冕何足言，惟有江山难入手。峨眉山月半轮秋，影入平羌江水流。谪仙此语谁解道，请君见月时登楼。"

三峡：指长江三峡，是长江流经的瞿塘峡、巫峡、西陵峡三个峡谷的总称。三峡西起重庆市奉节县白帝城，东至湖北宜昌市南津关，全长 193 千米。长江建大坝前，三峡两岸高山对峙，崖壁陡峭，山峰一般高出江面 1000 ～ 1500 米，江面最窄处不足百米。

渡荆门送别

唐·李白

渡远荆门外，来从楚国游。

山随平野尽，江入大荒流。

月下飞天镜，云生结海楼。

仍怜故乡水，万里送行舟。

【科普链接】

荆门：是古诗中经常出现的地名。一说是山名，在宜昌之南，宜都市西北，古时属峡州夷陵郡，坐落在长江南岸，与北岸虎牙山相对，顶有石，横跨如桥，山下水势湍急，为长江绝险处，人云此山为荆楚大地的标志；一说是指长江出三峡处的峡州夷陵郡，相当于今日之宜昌市，为楚蜀交界，蜀中诸山，至此不复见。

海楼：海市蜃楼，是地球上物体反射的光经大气折射而形成的虚像，偶尔会在平静的海面、大江江面、湖面、雪原、沙漠或戈壁等地方的空中折射出高大楼台、城郭、树木等幻景。在西方神话中，蜃景被描绘成魔鬼的化身，是死亡和不幸的凶兆。我国古代则把蜃景看成是仙境。

施辰舞 摄

望洞庭

唐·刘禹锡

湖光秋月两相和，潭面无风镜未磨。

遥望洞庭山水翠，白银盘里一青螺。

【科普链接】

洞庭湖：古称云梦、云梦泽，处于长江中游荆江南岸。洞庭湖之名，始于春秋战国时期，因湖中洞庭山（即今君山）而得名。洞庭湖北纳长江的松滋、太平、藕池、调弦四口来水，南和西接湘、资、沅、澧四水及汨罗江等小支流，由岳阳市城陵矶注入长江。洞庭湖古代曾号称"八百里洞庭"，是中国五大淡水湖之一，湖盆周长为803.2千米，总容积220亿立方米，其中天然湖泊容积178亿立方米，河道容积42亿立方米，是长江流域重要的调蓄湖泊，具强大蓄洪能力。

汉江临眺

唐·王维

楚塞三湘接，荆门九派通。

江流天地外，山色有无中。

郡邑浮前浦，波澜动远空。

襄阳好风日，留醉与山翁。

【科普链接】

汉江：即汉水，发源于陕西省宁强县，经湖北省至汉阳入长江。

楚塞：指襄阳一带的汉水，因其在古楚国之北境，故称楚塞。

三湘：湘水合漓水称漓湘，合蒸水称蒸湘，合潇水称潇湘，故又称三湘。在此当泛指洞庭湖南北诸流域。

望天门山

唐·李白

天门中断楚江开，碧水东流至此回。

两岸青山相对出，孤帆一片日边来。

【科普链接】

天门山：位于今安徽省境内的长江两岸，东为东梁山（又称博望山），西为西梁山（又称梁山）。两山隔江对峙，形同天设的门户，天门由此得名。《江南通志》记云："两山石状晓岩，东西相向，横夹大江，对峙如门。俗呼梁山曰西梁山，呼博望山曰东梁山，总谓之天门山。"

长干行·君家何处住

唐·崔颢

君家何处住，妾住在横塘。

停船暂借问，或恐是同乡。

【科普链接】

长干：地名，在南京中华门地带外秦淮河至雨花台的一片区域。古时这一带已经是南京人口密集的地区，有众多描写这里生活、爱情、风土的诗词歌赋，"青梅竹马，两小无猜"的典故即来源于此。

横塘：现江苏省南京市江宁区。

武家敏 摄

次北固山下

唐·王湾

客路青山外，行舟绿水前。

潮平两岸阔，风正一帆悬。

海日生残夜，江春入旧年。

乡书何处达？归雁洛阳边。

【科普链接】

北固山：位于江苏省镇江市，由于北临长江，形势险固，故名北固，高55.2米，长约200米。山壁陡峭，形势险固，南朝梁武帝曾题书"天下第一江山"来赞其形胜。其上有甘露寺，建于东吴甘露年间，三国时"甘露寺刘备招亲"的故事就发生于此。

施辰舞 摄

卜算子·我住长江头

宋·李之仪

我住长江头，君住长江尾。日日思君不见君，共饮长江水。

此水几时休，此恨何时已。只愿君心似我心，定不负相思意。

【科普链接】

长江头：水利部长江水利委员会在 1976 年和 1978 年两次实地考察后公布，长江有三源，北源楚玛尔河，南源当曲，正源沱沱河。近几十年，按照"河源唯远"的原则，围绕着究竟哪个源头才是长江的正源以及随之产生的河长问题，一直争论不休。

长江尾：上海，长江最终从上海汇入东海。

诗词里的
长江古迹

江山留胜迹，我辈复登临

　　长江，从世界屋脊——青藏高原的沱沱河起步，纳百川千流，自西向东，横贯中国腹地。她满载四季浪歌，永不停息地直奔东海，孕育了古老的中华文明，沉淀了数千年华夏文化。如：巫山大溪文化遗址、湖北黄陂盘龙城遗址、江西樟树市的吴城遗址、河姆渡文化遗址等，数量之多、密度之大，堪称世界之最，给东亚及世界带来很大的影响。自古以来，无数文人骚客，或登临远眺，或沿溯观览，留下了丰富多彩的文学瑰宝，这些文化遗存古迹，成为后人向往的名胜。

八阵图

唐·杜甫

功盖三分国，名成八阵图。

江流石不转，遗恨失吞吴。

【科普链接】

八阵图：杜甫在唐代宗大历元年（766 年）夏迁居夔州。夔州有武侯庙，江边有八阵图，传说为三国时诸葛亮在夔州江滩所设。"八阵图"遗址在夔州西南永安宫前平沙上。据《荆州图副》和刘禹锡《嘉话录》记载，这里的八阵图聚细石成堆，高五尺，六十围，纵横棋布，排列为六十四堆，始终保持原来的样子不变，即使夏天被大水冲击淹没，等到冬季水落平川，万物都失故态，八阵图的石堆却依然如旧。

黄鹤楼

唐·崔颢

昔人已乘黄鹤去，此地空余黄鹤楼。

黄鹤一去不复返，白云千载空悠悠。

晴川历历汉阳树，芳草萋萋鹦鹉洲。

日暮乡关何处是？烟波江上使人愁。

【科普链接】

黄鹤楼：三国吴黄武二年（223年），孙权修筑夏口城，于城西南角黄鹄矶建军事楼一座，用于瞭望守戍，即黄鹤楼。后来黄鹤楼多次损毁，现存建筑是以清代"同治楼"为原型设计，于1985年在明代故址千米外的蛇山山顶上建成的，濒临万里长江。黄鹤楼因唐代诗人崔颢登楼所题《黄鹤楼》一诗而名扬四海。自古有"天下绝景"之美誉，与晴川阁、古琴台并称为"武汉三大名胜"，与湖南岳阳楼、江西滕王阁并称为"江南三大名楼"。

登岳阳楼

唐·杜甫

昔闻洞庭水，今上岳阳楼。

吴楚东南坼，乾坤日夜浮。

亲朋无一字，老病有孤舟。

戎马关山北，凭轩涕泗流。

【科普链接】

岳阳楼：位于湖南省岳阳市岳阳楼区洞庭北路，地处岳阳古城西门城墙之上，紧靠洞庭湖畔，下瞰洞庭，前望君山。岳阳楼始建于东汉建安二十年（215年），历代屡次重修，现存建筑沿袭清光绪六年（1880年）重建时的形制与格局。因北宋滕宗谅重修岳阳楼，邀好友范仲淹作《岳阳楼记》使得岳阳楼著称于世。自古有"洞庭天下水，岳阳天下楼"之美誉，是"江南三大名楼"之一。1984年5月1日，岳阳楼全面重修竣工并对外开放。

滕王阁诗

唐·王勃

滕王高阁临江渚，佩玉鸣鸾罢歌舞。

画栋朝飞南浦云，珠帘暮卷西山雨。

闲云潭影日悠悠，物换星移几度秋。

阁中帝子今何在？槛外长江空自流。

【科普链接】

滕王阁：位于江西省南昌市东湖区，地处赣江东岸，为南昌市地标性建筑、豫章古文明之象征，始建于唐永徽四年（653年），为唐太宗李世民之弟滕王李元婴任江南洪州都督时所修，现存建筑为1985年重建；因初唐诗人王勃所作《滕王阁序》而闻名于世。

念奴娇·赤壁怀古

宋·苏轼

大江东去，浪淘尽，千古风流人物。故垒西边，人道是，三国周郎赤壁。乱石穿空，惊涛拍岸，卷起千堆雪。江山如画，一时多少豪杰。

遥想公瑾当年，小乔初嫁了，雄姿英发。羽扇纶巾，谈笑间、樯橹灰飞烟灭。故国神游，多情应笑我，早生华发。人生如梦，一尊还酹江月。

【科普链接】

赤壁：1700多年前，魏、蜀、吴三国争雄，吴国名将周瑜联合刘备，利用火攻大破曹操水军的地方是湖北省武汉市西南的赤矶山，而诗中的赤壁，是黄州（在今湖北省黄冈市）城外、长江北岸的一段红色山崖。这首词是苏轼游览黄州赤壁想到历史上有名的赤壁之战，有所感触而写。

登金陵凤凰台

唐·李白

凤凰台上凤凰游，凤去台空江自流。

吴宫花草埋幽径，晋代衣冠成古丘。

三山半落青天外，二水中分白鹭洲。

总为浮云能蔽日，长安不见使人愁。

【科普链接】

凤凰台：凤凰台故址在今南京市凤凰山。《太平寰宇记》卷九十江南东道江宁县："凤凰山，在县北一里，周回连三井冈，迤逦至死马涧。"新建成的古凤凰台景区占地 2.2 万平方米，主体建筑凤凰楼高 25 米，建筑面积 1500 平方米，远望则巍峨壮观，近观则雕梁彩绘。登高远眺，东接河西新区，西枕长江浪波，南抱三山葱茏，北临万家灯火，大江风貌尽收眼底，确实是一处叹为观止的胜地。

白鹭洲：古代长江中的沙洲，洲上多集白鹭，故名。今已与陆地相连，位于今南京市江东门外。如今南京建有白鹭洲公园，在秦淮区。

诗词里的
长江生物

日出江花红胜火，春来江水绿如蓝

　　长江流域跨多个气候带，地形复杂多样，集山水林田湖草等生态元素于一体，生态系统独特，孕育了丰富多样的植物类型，也为各类野生动物的繁衍生息提供了栖息环境，是我国重要的生态安全屏障，是全球生物多样性最富集的区域之一。中华鲟、白鱀豚、长江江豚等是长江里的特有物种，这些生命在长江中生活的历史，远比人类的发展要久远得多。这一派生机盎然的景象，成为诗人们创作的源泉，生生不息，直到今天。

江豚歌

宋·王禹偁

江豚江豚尔何物，吐浪喷波身突兀。

依凭风水恣猋豪，吞啖鱼虾颇肥腯。

肉腥骨硬难登俎，虽有网罗嫌不取。

江云漠漠江雨来，天意为霖不干汝。

【科普链接】

长江江豚：俗称"江猪"。哺乳纲鲸偶蹄目鼠海豚科的江豚，体型较小，头部钝圆，额部隆起稍向前凸起，吻部短而阔，上下颌几乎一样长，全身铅灰色或灰白色。

张燕宁 摄

张燕宁 摄

惠崇春江晚景二首（其一）

宋·苏轼

竹外桃花三两枝，春江水暖鸭先知。

蒌蒿满地芦芽短，正是河豚欲上时。

【科普链接】

蒌蒿：又叫芦蒿、水蒿，是菊科蒿属多年生草本植物；植株具清香气味。幼株可食用，多生于低海拔地区的河湖岸边与沼泽地带。

芦芽：芦苇长出的新芽，也叫芦苇芯，初长的芦芽状似细细竹笋，所以芦芽也称芦笋、芦尖。

河豚：本称河鲀，别名艇巴、腊头等，泛指硬骨鱼纲鲀形目鲀科的各属鱼类。其肉味鲜美、营养丰富，是一种名贵的高档水产品，被誉为"菜肴之冠"，但其卵巢、肝脏、肾脏、眼睛、血液中含有剧毒，处理不当或误食，轻者中毒，重者危及生命。少数种类生殖季节溯河进入江河产卵，如暗纹东方鲀可沿长江上溯至洞庭湖产卵，也可在长江及通江湖泊中定居，是我国重要的鱼类资源，主要生活在水的中层或底层。

渔歌子·西塞山前白鹭飞

唐·张志和

西塞山前白鹭飞，桃花流水鳜鱼肥。

青箬笠，绿蓑衣，斜风细雨不须归。

【科普链接】

白鹭：有大白鹭、中白鹭、小白鹭和黄嘴白鹭四种，体羽皆是全白。白鹭栖息于沿海岛屿、海岸、海湾、河口及其沿海附近的江河、湖泊、水塘、溪流、水稻田和沼泽地带。白天多飞到海岸附近的溪流、

张燕宁 摄

江河、盐田和水稻田中活动和觅食，主要以各种小型鱼类为食，也吃虾、蟹、蝌蚪和水生昆虫等动物性食物。捕食的时候，它轻轻地涉水漫步向前，眼睛一刻不停地望着水里活动的小动物，然后突然地用长嘴向水中猛地一啄，将食物准确地啄到嘴里。有时也伫立于水边，伺机捕食过往的鱼类。

鳜鱼：是鮨科、鳜属的鱼类。体高，侧扁。属于完全淡水生活的鱼类，喜欢栖息于江河、湖泊、水库等水草茂盛且较洁净的水体中，白天一般潜伏于水底，夜间四处活动觅食。为肉食性鱼类，性凶猛，以鱼类和其他水生动物为食。在中国除青藏高原外，分布于全国各水系。

江上渔者

宋·范仲淹

江上往来人，但爱鲈鱼美，

君看一叶舟，出没风波里。

【科普链接】

松江鲈：属于鲈形目杜父鱼亚目杜父鱼科，主要分布于日本、朝鲜以及我国沿海海域，又叫媳妇鱼、四鳃鲈。苏轼在《后赤壁赋》中就有"巨口细鳞，状如松江之鲈"的描写。松江鲈身体前部扁平，口大而上颌略长，胸鳍宽大而背鳍连续，前鳃盖生有四棘，背侧为褐色，腹部白色。每当繁殖季节时，成鱼鳃盖膜上各有两条橘红色斜带，酷似两片鳃叶，"四鳃鲈"也因此得名。松江鲈是一种洄游鱼类，每当繁殖季节到来时，群鱼便向河口聚集，并将卵产于近海；孵化后的幼鱼溯河而上，在淡水水域中索饵成长。成鱼体长最大不过15厘米。诗中提到的鲈鱼很有可能就是此种。

周佳俊 摄

张燕宁 摄

淮上与友人别

唐·郑谷

扬子江头杨柳春，杨花愁杀渡江人。

数声风笛离亭晚，君向潇湘我向秦。

【科普链接】

扬子江：从南京以下至入海口的长江下游河段的旧称，流经江苏省、上海市。

杨花：又叫柳絮，即柳树的种子，上面有白色绒毛，随风飞散如飘絮。

菩萨蛮·书江西造口壁

宋·辛弃疾

郁孤台下清江水，中间多少行人泪？西北是长安，可怜无数山。

青山遮不住，毕竟东流去。江晚正愁余，山深闻鹧鸪。

【科普链接】

中华鹧鸪：是鸡形目雉科鹧鸪属的鸟类。体小，头顶黑褐色，周围有棕栗色，脸部有一条宽阔的白带从眼睛的前面开始一直延伸到耳部。身体上的羽毛除颏、喉部为白色外，均为黑色并点缀着卵圆形的白斑，下背和腰部布满了细窄而呈波浪状的白色横斑。中华鹧鸪是丘陵地带的鸟类，多在矮小山岗的灌木林中活动，有时候3～5只结群寻找食物。叫声响亮，一次多声，最后两音顿挫有力，极为沙哑。遇惊时很快地藏匿在灌木丛深处，很难被发现。

莫国巍 摄

第三章
长江力量
长江上的桥

如果你翻开 1957 年前的地图，就会发现长达 6300 多千米的长江江面上，数千年来从未建过一座桥梁。那时候，中国经济落后，工业不发达，只能任由长江切断了纵贯南北的铁路、公路运输，人们北去南往，只有靠船渡，涛涛江面上，只见"孤帆远影碧空尽，唯见长江天际流"。在长江上建桥，成为国人千百年来的梦想。

长江滋养着城市，城市依江而盛，可是久而久之长江也成为城市的交通障碍。为了跨越障碍，桥，作为道路的延伸，应运而生，它们架于天堑之上，成了跨越长江的主要设施。

从最简单的一根木头连接两岸到横跨几千米的大桥，技术的进步使人们缩短了高山与湖海之间的距离，也拉近了人们的生活距离。一座座大桥通车，一道道长虹飞越，在长江之上，桥梁林立，数不胜数。一座座雄伟壮阔的桥梁各具形态，各有所长，它们伫立于城市之间，沧浪之上，让人们不再被大江阻挡，它们让两岸变得触手可及，成为一道道绝佳的风景线。

正如中国现代桥梁之父茅以升先生所说："造成的桥，就老待在那里，一声不响地为人民服务，不管日里夜里，风里雨里，它总是始终如一地完成任务。它不怕负担重，甚至超重，只要典型犹在、元气未伤，就乐于接受。这虽是人工产物，但屹立大地上，竟与山水无殊……"

刘成贺 摄

一桥
飞架南北

夜幕下的桥 王卿 摄

《说文解字》记载："桥，水梁也。从木，乔声。"即桥，跨河的大梁。字形采用"木"作偏旁，采用"乔"作声旁。

桥，拆字则为"木"与"乔"，木为原木，乔译为高，桥则表示高架的原木，即用原木高架在沟壑或溪流上的通道。

桥是一种用于跨越障碍的、架空的人造通道。最早的桥，也就是广义的桥，可能只是来自人们对自然的观察或思考，也许只是水洼上的一根树干，也许只是小溪上放置的几块石砖，这些简易的桥贯通了河的两岸，使人们来往于两岸。从其最早或者最主要的功用来说，桥应该是专指跨水行空的道路。故《说文解字》注释为："梁之字，用木跨水，今之桥也。"茅以升先生曾说，世界上最初出现的人造的桥，指桥的类型而非某座桥，比如水洼上的桥，没有名字没被记录，但是这样一来竟然在历史上有了它的位置，叫"梁桥"。

如今的桥，被定义为一种用来跨越障碍的大型构造物，它被设计与建造的原因是出于人们跨越河流或山谷或是连接两个地点的需求。桥的出现解决了跨越水流和山谷问题，方便了运输工具或行人在桥上通行。现代的桥又在城市交通中发挥重要作用，它们贯通东西南北，不仅有助于缓解交通堵塞，还成为现代化城市一道亮丽的风景，在增强各地的连接与交流方面发挥着重要作用。

全世界的桥梁均可分为四类：梁式桥、拱式桥、悬索桥、斜拉桥，桥梁演变可以追溯到建筑材料的引入和发展。

早期人们可用的建筑材料只有木材和石材。人们伐木造桥，当面临跨度较大的水域时，人们则建造石墩，用树干在墩间横跨连接。这些，便是梁式桥早期的雏形。然而，这些桥梁

梁桥　施辰舞　摄

并不坚固，其使用寿命极短且受到材料限制桥体跨度均不理想。

梁式桥是指用梁或桁架梁做主要承重结构的桥梁。其上部结构在铅垂向荷载作用下，支点只产生竖向反力。梁式桥为桥梁的基本体系之一，制造和架设均甚方便，使用广泛，在桥梁建筑中占有很大比例。

石材的强度和耐候性比木材要大得多，石材和砖材为主的拱式桥开始登上桥梁舞台。古罗马和中国是拱桥的先驱，罗马人通过将连续的拱门连接在一起来建造一个桶形拱顶，从而形成一个巨大的内部空间。罗马人运用圆顶、拱门、拱顶等元素创造了许多壮观的建筑。拥有直径 43.3 米圆顶的万神殿，曾长居世界"最大的圆顶建筑"的美誉达 1800 年之久。中国是"桥的国度"，密布的水网推动了桥梁的发展：福建泉州的洛阳桥、安平桥、永春东关桥，河北赵州桥，北京卢沟桥……每一座桥都能看到古代工匠巧妙的构思和高超的技艺。而中国最有名的莫过于建造于 1400 年前的赵州桥，它是世界上现存修建最古、跨径最大、建造最高的单孔弧形跨河巨桥，敞肩拱的设计及独创式的 28 个独立拱组合出了一个世间独有的桥体，它的外观和实用性工艺比欧洲早了 1200 年。

拱桥　王卿　摄

拱式桥指的是在竖直平面内以拱结构作为主要承重构件的桥梁。拱桥是中国最常用的一种桥梁类型，其式样之多，数量之大，为各种桥型之冠，特别是公路桥梁，据不完全统计，中国的公路桥中 7% 为拱桥。位于广西河池市天峨县龙滩大坝上游 6 千米处的天峨龙滩特大桥，是南丹至天峨下老高速公路的控制性工程之一。大桥全长 2488.55 米，主桥为跨径 600 米的上承式拱桥，建成后将是世界上最大跨径的拱桥，也将开创世界 600 米级拱桥建设的新纪元。

铁具有比石材更大的强度和可成型性，随着铁器的出现，悬索桥的早期形式开始出现。据报道，第一座主要的铁索桥诞生于公元 60 年左右的中国——云南省的兰津桥，其主桥跨度约 60 米。而钢材的应用革命性地推动了桥梁建设的发展，缆索承重桥开始应用于大型桥梁的建设。

缆索承重桥主要包括斜拉桥与悬索桥。

斜拉桥又称斜张桥，是将主梁用许多拉索直接拉在桥塔上的一种桥梁，是由承压的塔、受拉的索和承弯的梁体组合起来的一种结构体系。

斜拉桥　田锐 摄

　　悬索桥又名吊桥，指的是以通过索塔悬挂并锚固于两岸（或桥两端）的缆索（或钢链）作为上部结构主要承重构件的桥梁。2022年6月28日，张靖皋长江大桥在江苏正式开工，主跨2300米，连接苏州张家港、南通如皋，建成后将成为世界上最大跨径的悬索桥。

悬索桥　蒋伟青　摄

长江的大桥

长江是华夏民族的发源地，她从远古走来。长江从源头流向大海，一路奔腾不息，小时候读古诗，诗中曾有"所谓伊人，在水一方"的遗憾、感伤。如今，这些遗憾已然不复存在，因为我们有了越来越多的"桥"，一桥飞架南北，天堑变通途。

据 2019 年中国桥博会数据通报，自长江史上第一桥——武汉长江大桥建成通车到武汉杨泗港长江大桥通车，在四川宜宾合江口至上海吴淞口的这段总长 2940 千米的长江干流上，已建各类桥梁数量达 115 座。

在这 115 座长江大桥中，按桥型分类，共有梁桥 27 座、斜拉桥 57 座、悬索桥 22 座、拱桥 9 座；按功能分类，共有公铁两用桥 9 座、铁路桥 9 座、公轨两用桥 4 座、人行桥 2 座、管道桥 1 座，其余均为公路桥。

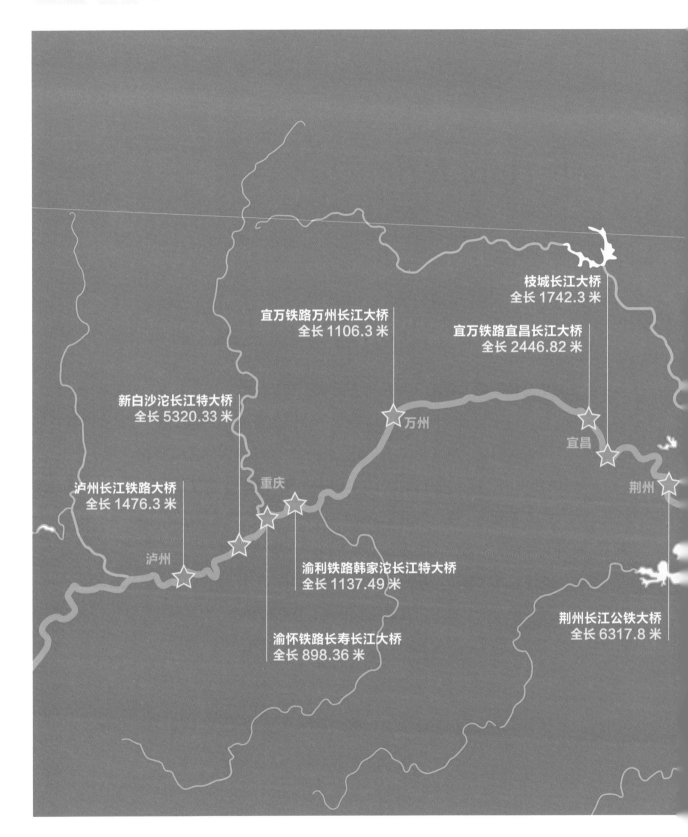

枝城长江大桥
全长 1742.3 米

宜万铁路万州长江大桥
全长 1106.3 米

宜万铁路宜昌长江大桥
全长 2446.82 米

新白沙沱长江特大桥
全长 5320.33 米

万州

泸州长江铁路大桥
全长 1476.3 米

重庆

宜昌

荆州

泸州

渝利铁路韩家沱长江特大桥
全长 1137.49 米

渝怀铁路长寿长江大桥
全长 898.36 米

荆州长江公铁大桥
全长 6317.8 米

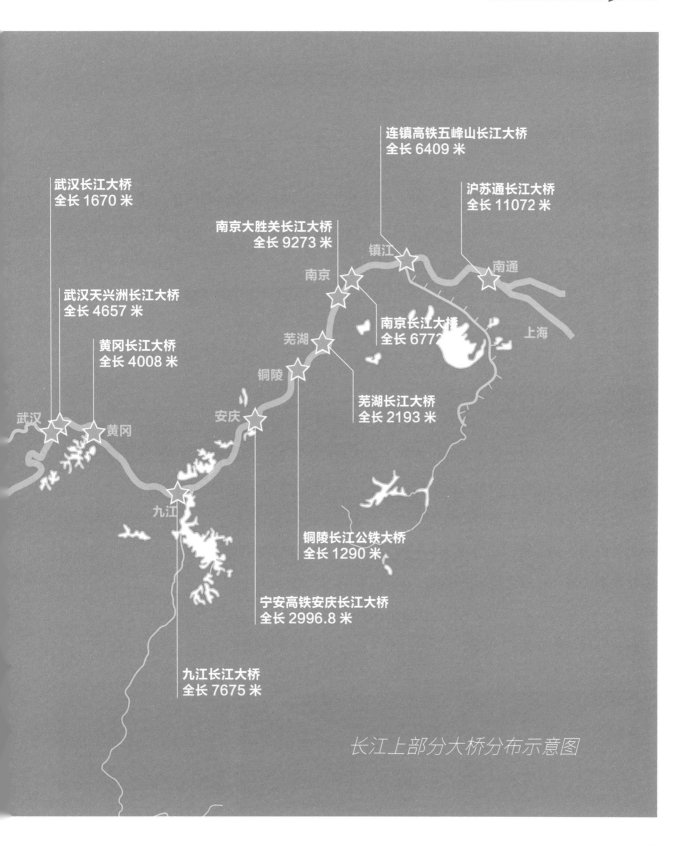

连镇高铁五峰山长江大桥
全长 6409 米

沪苏通长江大桥
全长 11072 米

武汉长江大桥
全长 1670 米

南京大胜关长江大桥
全长 9273 米

武汉天兴洲长江大桥
全长 4657 米

南京长江大桥
全长 6772

黄冈长江大桥
全长 4008 米

芜湖长江大桥
全长 2193 米

铜陵长江公铁大桥
全长 1290 米

宁安高铁安庆长江大桥
全长 2996.8 米

九江长江大桥
全长 7675 米

长江上部分大桥分布示意图

镇江
南京
芜湖
铜陵
安庆
武汉
黄冈
九江
南通
上海

从 1957 年武汉长江大桥通车到如今的百桥飞渡跨天堑，越来越多的大桥横跨于长江之上，它们或朴实、或雄伟、或精巧……

四川——泸州长江四桥

泸州长江四桥以前的名字是泸州长江大桥，它是四川省交通部门在长江上直接施工的第一座公路大桥，也是当时全国在长江上修的最长的公路大桥。1977 年泸州长江大桥被列入四川省公路建设规划重点工程，到 1982 年历经 5 年大桥竣工，后来泸州对长、沱两江上 15 座已建和将建的城市跨江桥梁进行排序，原泸州长江大桥被重新命名为现在的泸州长江四桥。

重庆——朝天门长江大桥

朝天门长江大桥是重庆市境内连接江北区与南岸区的过江通道，位于长江水道之上，是重庆主城区向外辐射的东西向快速干道，建成时为世界上跨度最大的拱桥。

朝天门长江大桥凭借高颜值成为许多游客的"打卡地"，整个桥梁采用了红白两色，形成了鲜明对比。桥拱部分由钢结构交错构成，营造出独具重庆特色的现代感，因此也被称作重庆的"城市之门"。

湖北——武汉长江大桥

武汉长江大桥 常郗文 摄

　　武汉长江大桥是湖北省武汉市境内连接汉阳区与武昌区的过江通道，位于长江水道之上，是中华人民共和国成立后修建的第一座公铁两用的长江大桥，也是武汉市重要的历史标志性建筑之一，素有"万里长江第一桥"的美誉。武汉长江大桥于1955年9月1日动工兴建，1957年7月1日完成主桥合龙工程，1957年10月15日通车运营。当初毛泽东视察武汉时，面对初现轮廓的武汉长江大桥，写下《水调歌头·游泳》，诗中"一桥飞架南北，天堑变通途"便表达了对大桥的赞美。

江西——九江长江大桥

　　九江长江大桥位于江西省九江市浔阳区和湖北省黄冈市黄梅县之间的长江水面上，是双层双线铁路、公路两用桥，是中国桥梁建设史上第三座"里程碑式"的桥梁（前两座分别为武汉长江大桥和南京长江大桥）。由此也可以看出其在中国桥梁建设史上的重要地位。

九江长江大桥上层为公路桥，长4460米，下层为双线铁路桥，总长7675米。九江大桥是当时世界上最长的铁路、公路两用的钢桁梁大桥，既是我国南北交通的大动脉，同时又是九江引人注目的旅游景点。

安徽——芜湖长江大桥

芜湖长江大桥是芜湖市鸠江区境内的过江通道，是安徽省第一座公路及铁路两用大桥。芜湖长江大桥分别由水上双层主桥、两岸引桥、两座桥塔、桥墩以及各匝道组成，主桥路段呈正西至正东方向。

芜湖大桥被称为"世纪大桥"，首先是因为它于2000年9月建成通车，恰逢21世纪之初；其次是指这座桥的工程量之大，超过武汉长江大桥和南京长江大桥的总和，主桥公路铁路累计全长10624.4米；最后也是最重要的原因是芜湖长江大桥科技含量之高，建成时为我国的桥梁科技集大成者，同时也是21世纪我国桥梁建设的新起点。

芜湖长江大桥在建设时遇到罕见的设计难题。受到航空等方面的严格限制，大桥无法按照常规使用混凝土刚构或连续梁来建造，设计成斜拉桥，通常的比例又无法满足要求。为了克服困难，芜湖长江大桥采用了全新的技术，实现多项技术创新。其中解决了桥梁刚度问题的大跨度低塔斜拉桥板桁组合结构建造技术荣获国家科技进步一等奖。大桥建成通车一周年，中国邮政局发行了《芜湖长江大桥》特种邮票。大桥的建成完善了我国铁路、公路的路网布局，沟通了南北交通。

江苏——沪苏通长江大桥

沪苏通长江大桥充分展示了中国的工程技术和创新能力，创造了世界桥梁和中国桥梁建设的多个"之最"。

沪苏通长江大桥位于长江江苏段，连接江苏省苏州市和南通市，全长 11072 米，其中正桥长 5827 米，大桥主跨 1092 米，是建成时世界上最长的公铁两用斜拉桥，也是世界上首座 4 线铁路、6 车道公路斜拉桥，在我国乃至世界铁路桥梁建设史上具有里程碑意义。2014 年 3 月开工建设，2019 年 9 月建成，2020 年 7 月正式通车，整个过程历时 6 年多，形成跨越长江、贯通南北的壮丽景象。

沪苏通长江大桥

沪苏通长江大桥于 2021 年 4 月获桥梁行业大奖"乔治·理查德森奖","高""大""新"是其最显著的特点。330 米高的主塔，是建成时世界上最高公铁两用斜拉桥主塔；面积 12 个篮球场大、深度 110.5 米的大桥主塔墩沉井，其基础体积为世界最大；1092 米长的大桥主航道桥主跨，是建成时国内最大跨度斜拉桥，也是世界最大跨度公铁两用斜拉桥；以新材料、新结构、新设备、新工艺获得了 65 项专利、创造了 14 项新工法，实现千米级公铁两用斜拉桥设计建造技术世界首创、2000 兆帕级强度斜拉索制造技术世界首创、1800 吨钢梁架设成套装备技术世界首创、1.5 万吨巨型沉井精准定位施工技术世界首创、基于实船 – 实桥原位撞击试验的桥墩防撞技术世界首创等五个"世界首创"。

上海——上海长江大桥

上海长江大桥是上海市崇明区境内的跨海大桥，位于长江入海口之上，是上海崇明越江通道重要组成部分之一，被誉为"长江门户第一桥"。

上海长江大桥的建设充分考虑美学要素，在建桥时采用了 S 型的线性布置，这种设计一方面使得大桥造型优美，另一方面可以最大限度地减少对桥下水流的影响，从而减少对生态的破坏，满足对环保的需求。此外，长江大桥与周边自然生态的融合，不仅满足了千百年来上海人跨越长江到达彼岸的愿景，也使得这里被誉为上海城市的后花园，看不到高楼林立，看不到市井喧闹，有的是一片湛蓝的天空，一面平静的海水，如此安详、宁静，正是天人合一。中国对于基础设施的建设，对生态环境的重视保护，造就了如今的美好，这也证明，今后中国必将更加地繁荣昌盛。

桥与生态

桥梁建设对周边生态环境的影响十分巨大，在造桥的过程中，除了要考虑桥梁美观的造型及与环境之间的协调性外，应同时考虑其对生态环境的影响，做到工程建设与保护生态环境相协调。

中华白海豚 刘思阳 摄

我国的著名桥梁工程港珠澳大桥就是典型的生态影响型建设项目。港珠澳大桥是目前世界第一长跨海大桥，工程集桥梁、隧道和人工岛于一体，其建设难度之大，被誉为桥梁界的"珠穆朗玛峰"。但是其所在的珠江口海域是野生中华白海豚的重要栖息地，中华白海豚是国家一级保护动物，又称"海上大熊猫"，对生态环境要求极高。港珠澳大桥的建设者们用自己的智慧与行动实现了"白海豚不搬家"的生态建设目标。港珠澳大桥的建设无论是在环保顶层制度设计、施工管理，还是在环保工艺、工法的创新，生态保护的理念都贯穿始终。

沪苏通长江大桥在建造时为了兼顾跨越天堑、保护母亲河与黄金水道的要求，选择了主跨1092米大跨度过江的方案。建设者秉承"大型化、标准化、工厂化、装配化"的设计理念，在施工区域设置水质监测点，杜绝生活污水排放，采取了一系列的措施，做好长江保护和修复工作。通过创新施工工艺和工法，提高作业效率、缩短水上施工时间，从而减少占用水域面积，减少施工噪声，有效降低施工对水域环境和生物资源的影响。这座桥的建造过程可视为长江生态保护的样本。

南京江心洲长江大桥（南京长江五桥）于 2020 年 12 月迎来了通车，全长 10.3 千米，穿越了夹江、江心洲生态科技岛和长江主江，其中约 4 千米涉及南京长江江豚省级自然保护区、夹江饮用水水源保护区等 4 个重要生态保护区。南京长江五桥在设计中格外关注对桥位区环境、生态的影响。为减少施工对"微笑天使"（即江豚）的影响，施工期间在栈桥设置了多处驱豚仪，以减少对江豚的误伤。同时在桥墩增加了"防抖"措施，尽量把行车中桥墩振动对水体的影响减到最小。在江北绿水湾湿地公园 1.2 千米的范围内，一道高 5 米、总长 1180 米的不透明声屏障的设立，把桥上的噪声、灯光与自然的宁静清晰隔开。桥上还设置了禁止鸣笛标识，力求保证鸟类栖息的环境不会有太大改变。夹江上的"南京眼"步行桥，与新开通的大桥遥遥相望，桥上车流飞驰，桥下江豚在水中嬉戏，岸边湿地里野鸟啾啾觅食。现代城市的车水马龙，与长江沿岸的自然生态完美交融，让这座新开通的大桥成为真正的"绿色生态大桥"。

　　桥，与江共生。1995 年后的 20 年内，长江上新建大桥以平均每年超过 3 座的速度增加，长江已成为世界桥梁建设工程最密集的河流。如今，有着环保理念的生态之桥正逐渐融入长江大保护的理念，共建生态长江。

南京长江五桥　郑宽仁 摄

南京长江大桥

南京长江大桥虽然不是第一座长江大桥，却是长江上第一座由我国自行设计和建造的双层式铁路、公路两用桥梁，在中国桥梁史乃至世界桥梁史上具有重要意义。

南京长江大桥位于南京市鼓楼区下关和浦口区桥北之间，是南京标志性建筑，是20世纪60年代中国经济建设的重要成就、中国桥梁建设的重要里程碑，具有极大的经济意义、政治意义，有"争气桥"之称。

南京长江大桥的建成，标志着我国完全能够依靠自己的力量在长江上建设特大型桥梁，也充分体现了中国桥梁建设队伍奋发图强的精神和高度的主人翁责任感。自那之后，长江对于南北两岸的中国人民来说，再也不是一条不可逾越的天堑，她成为中国的象征和骄傲，一座座宏伟的桥梁出现在长江之上，将中国连成一个不可分隔的网，让长江两岸的人们能够互通有无，彼此紧紧地团结在一起。

历史印记

自古以来，长江被看作为难以逾越的天堑，旅客和货物只能依靠大小船只运输，交通十分不便。但因技术问题，两次尝试在南京与浦口间架桥，最终都不了了之。

　　中华人民共和国成立后，1956 年，经国务院批准，铁道部着手南京长江大桥的勘测设计，这项沟通南北的伟大工程终于拉开了帷幕。

　　南京长江大桥为双层双线公路、铁路两用桥总体设计，正桥长 1576 米，其余为引桥。大桥正桥为钢桁梁结构。大桥上层为 4 车道公路桥，全长 4588 米。公路桥的引桥采用富有中国特色的双孔双曲拱桥形式，同时又增加了回龙桥的设计和桥头堡临江侧的观光平台，并对该平台采用了独立的浮阀结构。双曲拱桥的平面曲线部分采用"曲桥正做"，即用类似横梁拼装出曲线，降低了结构计算难度的同时又兼顾了经济性、美观性。大桥下层为 14 米宽、双轨复线的铁路桥，全长 6772 米，设有单独的铁路引桥。南北铁路引桥共长 5196.16 米，北引桥落地后通往京沪铁路林场火车站，南引桥落地后通往南京火车站。

南京长江大桥 刘成贺 摄

创新

1. "争气钢"

1960 年，大桥建造开工，桁架、沉井都需要大量钢材。国家将研制钢材这项艰巨的任务交给了鞍山钢铁公司后，鞍钢通过多方努力，在 1963 年开始正式生产 16 锰低合金桥梁钢，这种钢每平方毫米能经受 33 ~ 35 千克的拉力，强度比武汉长江大桥用的钢材提高了 30%，为我国架设大跨径钢梁奠定了坚实的物质基础，为人民争了气，也为祖国争了光，因此有了"争气钢"之称。

2. 桥墩技术

长江南京段水深流急，水下的泥沙覆盖层厚，江底岩层情况又极复杂。设计师在没有外援帮助和案例参考的情况下，根据不同的水文地质情况，对 9 个桥墩采用了四种类型的管柱基础和沉井基础，更是对位于江心水流最深处的 7 号墩创造性地提出用钢筋混凝土代替纯钢的施工方案，最终让南京长江大桥稳稳"站"在湍急水流之中。

时代艺术

桥，连通山水，点缀自然，也是实用与艺术的融合体。梁的平直、索的凌空、拱的韵味，无不摇曳着艺术的风采。而在南京长江大桥的艺术性设计中，最出彩的便是它的桥头堡。

南京长江大桥桥头堡 张燕宁 摄

大桥正桥南北两端各设大桥头堡一对、小桥头堡一对，分立于大桥两侧。大桥头堡高高凸出公路桥面，顶端为钢制三面红旗，呈飞跃前进状；小桥头堡体量略小，突出公路桥面的部分为 5 米高的灰色工农兵学商混凝土群像。桥头堡桥面以下部分的红色大幅标语，体现出了社会主义建设的特征及全国人民的精神风貌，具有永久性纪念意义。

大桥的正桥、南北大小桥头堡及公路引桥，设计安装了装饰灯具（1404 套）、装饰彩灯（32000 多只）。夜晚亮灯时，大桥宛如彩虹飞跨大江南北。雄伟的大桥主体呈现出立体景象，更具观赏效果。

维修养护

2016 年 10 月 28 日，大桥和公众暂别，进行封闭式维修。2018 年 12 月 29 日重新通车，这是大桥建成后，维修时间最长、工程量最大且最为彻底的一次。修缮后，与旧桥面相比，新面板可以减少桥梁下方铁路运营对公路桥的影响，耐久性和稳定性得到提高，行车舒适

2018 年市民参观维修后的南京长江大桥　刘成贺 摄

性得到大幅度提升。维修改造维持原设计荷载等级，保持原桥风貌。

第四章
旗舰物种
长江微笑精灵

千百年来，有赖于朴素的好奇心以及科研人员不懈地探索，我们对"鲸"的认知不断更新。有证据显示，鲸类与偶蹄动物亲缘关系最为接近，是一种由陆地哺乳动物逐步演化而来的生物。在进化上，鲸类是"二次入水"且完全适应水生生活的一类哺乳动物。鲸类从陆地重返大海，是哺乳动物为自适应而进行的演化征程。在漫长的征程中，也有一些鲸豚从海洋游入了内河，被我们称为"淡水鲸豚"。

比起神秘的海洋鲸类，淡水鲸豚因离我们更为接近而更多地为我们所了解，但也正因为如此，它们也更易受到人类活动的影响。2007年8月8日，《皇家协会生物信笺》期刊发表报告，正式公布白鱀豚功能性灭绝。不同于野外灭绝或是灭绝这一概念，功能性灭绝是指该物种因其生存环境被破坏，数量非常稀少，以致在自然状态下基本丧失了维持繁殖的能力或是维持生存的能力，这给人类敲响了生态保护的警钟。在白鱀豚远去后，濒临灭绝的"微笑精灵"——长江江豚成为长江唯一的鲸豚类动物，其保护的紧迫性前所未有。

长江江豚是我国特有的水生哺乳动物，仅分布于长江中下游干流及洞庭湖和鄱阳湖，为国家一级重点保护野生动物。由于长江流域经济的快速发展，各种人类活动和开发建设的影响，长江生态环境不断恶化，长江江豚的栖息地遭到破坏，生存受到严重影响。据2018年发布的科学考察数据，长江江豚仅存约1012头，其中长江干流仅存约445头，比举世闻名的"国宝"大熊猫数量还要稀少。长江江豚在《世界自然保护联盟濒危物种红色名录》中被列为极危种（CR），距离野外灭绝仅一步之遥。

近年来，我国高度重视长江生态保护，随着"共抓大保护、不搞大开发"的不断推进，长江江豚的保护宣传深入人心，长江生态环境日益好转，长江江豚的生存状况也在改善。2021年，长江江豚保护迎来三大利好：1月1日，长江流域重点水域开始实行"十年禁渔"；2月5日，新调整的《国家重点保护野生动物名录》公布，长江江豚由国家二级保护野生动物升级为一级；3月1日，《长江保护法》正式实施，提出对长江流域珍贵、濒危水生野生动植物实行重点保护，长江江豚位列其中。

长江流域野生动植物资源丰富，保护长江江豚，不只是留住这一珍稀物种，更是要以此为支点，推动整个长江的生态系统保护。

长江江豚　严少华 摄

什么是
"旗舰物种"

在一支海军舰队中，舰队指挥官所在、并悬挂指挥官旗帜的军舰，被称作"旗舰"。后来，"旗舰"被引申代指同类中起主导作用的事物，比如旗舰店、旗舰手机。在大自然的动物和植物中，起主导作用的物种被称作"旗舰物种"。

旗舰物种是 20 世纪 80 年代保护生物学中提出的一个概念，是指在特定地点或社会背景下为生物多样性保护提供支持的物种。其本身对社会生态保护力量具有特殊号召力和吸引力，可促进社会对物种保护的关注，通过保护旗舰种来保护其生存的生态系统以及内部的全部生物多样性。所以旗舰物种常出现在保护行动的宣传海报和媒体报道中，就像是一个生态环境保护的代言明星。

相比于旗舰物种，另一个保护生物学的概念也常被提及，即伞护种。伞护种是指该物种的生境需求能涵盖其他物种的生境需求，在保护它可存活种群的同时，能够有效保护与它生活在同一生态需求集团中的其他同域种群。以伞护种为保护目标开展优先保护行动，能够庇护同域分布的其他物种，进而保护整个区域的生态系统。

从动物类群角度看，旗舰物种基本都是中大型哺乳动物，偶尔也会包括其他类型动物。最典型的例子就是我国的"国宝"大熊猫，它可爱、憨态可掬的形象广受世人喜爱，经常出现在各类活动中。1990 年，北京亚运会的吉祥物大熊猫"盼盼"可谓深入人心，那段时间，手持金牌作奔跑状的盼盼天天出现在媒体上，不仅让全国人民都记住了这个可爱的动物，也让全亚洲乃至全世界都爱上了大熊猫。此后，大熊猫的热度和地位一直不减：2008 年北京奥运会吉祥物福娃之一的"晶晶"是一只大熊猫，2022 年北京冬奥会的吉祥物"冰墩墩"是一只穿着冰晶外壳的大熊猫，世界自然基金会的 Logo 也是一只大熊猫；作为"外交使者"的大熊猫被租借给外国动物园后，吸引了无数游客不惜排队几小时只为看其一眼。近几年，随着短视频和网络直播的兴起，对大熊猫日常起居进行 24 小时直播的短视频一经播放就能吸引千万粉丝观看，大熊猫可谓全球"顶流网红"了。

　　光是可爱和喜爱就够了吗？当然不是，2021 年 7 月，《世界自然保护联盟濒危物种红色名录》将大熊猫从"濒危"等级改成"易危"等级，这是对我国大熊猫保护工作的

大熊猫　张燕宁 摄

一个肯定,说明大熊猫的种群数量在多年多方的努力下有所上升,濒危程度不再那么紧急。

保护好大熊猫不能仅仅保护这一个物种,还需要保护它的家园,包括它家园里的其他物种,比如羚牛、川金丝猴、林麝、绿尾虹雉、朱鹮等动物,还有珙桐、红豆杉等植物。熊猫就像撑开的一把伞,在它的荫蔽下,其他物种也得到了保护,这就是"伞护效应",因此大熊猫也是伞护种。

四川羚牛 张燕宁 摄

对于长江生态系统来说,长江江豚就是旗舰物种和伞护种。长江江豚形象可爱,活泼好动,哺乳动物的身份拉近了它与我们人类的距离,再加上天生的"微笑唇"温暖人心,得到了许多人的喜爱和关注。作为长江水生生态系统的顶级捕食者,只有完整的食物链和生态系统才能支撑长江江豚持续生存和繁衍下去。保护长江江豚,就要保护好它赖以生存的家园——长江。

长江江豚 王臻祺 摄

　　长江不仅有400多种鱼类，更是曾经生活着2种特有淡水豚，除了长江江豚，还有"长江女神"之称的白鱀豚，这在全世界的淡水河流中都是独一无二的。作为白鱀豚科的唯一物种和中国特有的珍稀物种，白鱀豚更有"水中大熊猫"之称，在世界范围内被作为水生生物多样性与水生态系统保护的旗舰物种而享有崇高的声誉。令人遗憾的是，白鱀豚在2007年被宣布功能性灭绝，人们只能在过往的影像资料中一睹"长江女神"的优雅身姿。白鱀豚的功能性灭绝，可以说是这些年来长江生物多样性衰退的灾难性标志事件，也说明了长江的生态保护刻不容缓。如今，长江水生态系统和水生生物多样性保护的重任落在了长江江豚身上，它微笑的样子经常出现在宣传海报和媒体报道中，让越来越多的人认识了这种可爱的动物，也知道了它濒危的处境和长江的生态危机。相信未来作为旗舰物种的长江江豚也将发挥伞护作用，保护长江的一方水土和一方生灵。

长江江豚是旗舰物种，也是伞护物种，可以像大伞一样，护佑着同一栖息地其他的物种

长江江豚的
形态与分类

　　长江江豚体型较小，成年体长约 1.3 ～ 1.7 米，体重约 50 ～ 70 千克。体色铅灰，体形略呈纺锤形，皮肤润滑。它有一对镰刀形的鳍状肢和一个新月形的尾鳍；与我们常见的海豚不同的是，它没有背鳍，但沿背脊中部往后为一隆起的矮脊延伸至尾鳍，在背嵴的前方是一块长满小疙瘩的疣粒区。

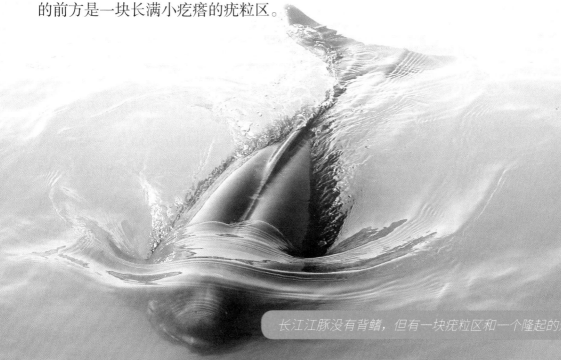

长江江豚没有背鳍，但有一块疣粒区和一个隆起的矮脊　袁屏 摄

长江江豚的尾鳍像一轮新月　张琨 摄

长江江豚的额部隆起稍向前凸　陈曙明 摄

长江江豚出水时呼吸孔张开进行呼吸　武家敏 摄

长江江豚的额部隆起稍向前凸，吻部短而阔，嘴角上扬，看起来像是在微笑，因而被称作"微笑精灵"。作为一种齿鲸，长江江豚有平平的牙齿，形状像铲子，这与海豚尖尖的牙齿很不一样。它眼睛很小，视觉不发达；外耳孔极小，形似芝麻粒。

鲸偶蹄目中的齿鲸进化出发达的回声定位能力，并用它来捕食，躲避障碍物，并在没有光的环境中辨别方向。回声定位是指发出超声波之后，根据反射回来的回声信号辨别方向和前方物体的大小、质地和结构等。长江江豚虽然视觉不发达、外耳孔极小，但有发达的声呐系统，它就是靠着这精密的声呐系统在浑浊的江水中利用回声定位来探测周围的地形、障碍物和食物等。长江江豚发出的是高频回声定位信号，以脉冲串的形式出现，峰值频率平均值超过 120 千赫兹，已经超出我们人耳能听见的范围。

长江江豚是一种水生哺乳动物，用肺呼吸，有呼吸孔位于头顶部，相当于人的鼻孔。呼吸孔内侧有活动的瓣膜，潜水时关闭，以阻止水进入鼻腔，出水面呼吸时张开吐气和吸气。

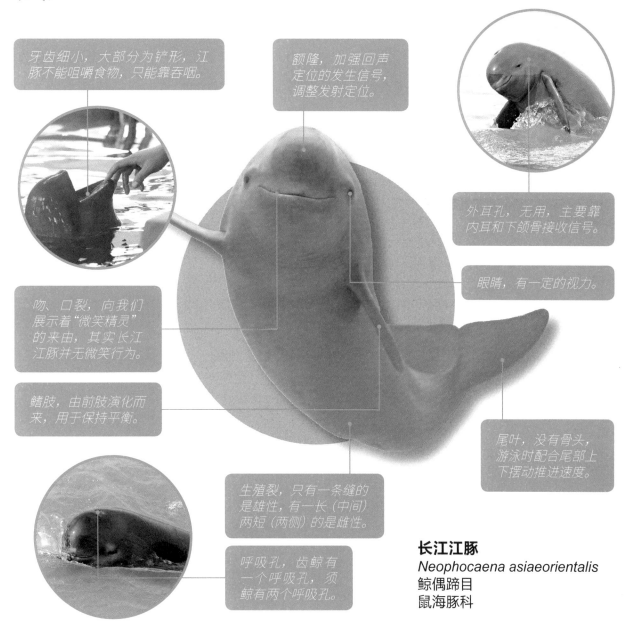

牙齿细小，大部分为铲形，江豚不能咀嚼食物，只能靠吞咽。

额隆，加强回声定位的发生信号，调整发射定位。

外耳孔，无用，主要靠内耳和下颌骨接收信号。

眼睛，有一定的视力。

吻、口裂，向我们展示着"微笑精灵"的来由，其实长江江豚并无微笑行为。

鳍肢，由前肢演化而来，用于保持平衡。

尾叶，没有骨头，游泳时配合尾部上下摆动推进速度。

生殖裂，只有一条缝的是雄性，有一长（中间）两短（两侧）的是雌性。

呼吸孔，齿鲸有一个呼吸孔，须鲸有两个呼吸孔。

长江江豚
Neophocaena asiaeorientalis
鲸偶蹄目
鼠海豚科

在生物学分类上，长江江豚属于哺乳纲鲸偶蹄目鼠海豚科江豚属，与我们熟知的海豚同属于鲸偶蹄目但分属不同的科（海豚属于海豚科）。长江江豚是一种完全生存在淡水的鲸类，而在海洋中也生存着两种江豚，它们形态特征非常相似，它们到底是不是同一个物种，这在学术界有不少的争议，但随着分子生物学的发展，这个问题的答案逐渐清晰明朗起来。

一直以来，鲸类生物学家大多认为全世界的江豚属于单一的物种，包括三个亚种：分布于台湾海峡以南至印度洋水域的指名亚种、分布于台湾海峡以北至日本海的北方亚种、分布于长江中下游淡水水域的长江亚种。2008 年，加拿大学者首次通过分子证据发现江豚之间约在 18000 年前出现了物种的分化，从而提出将江豚指名亚种提升为独立的物种——印太江豚，而将北方亚种（又称东亚江豚、黄渤海江豚）和长江亚种归入另一个物种——窄脊江豚。

东亚江豚 刘逸夫 摄

长江江豚 居涛 摄

　　2018 年 4 月，国际著名的学术期刊《自然通讯》正式发表了由南京师范大学生命科学学院杨光教授等的研究结果。这项研究通过将不同水域 48 个江豚样本的基因组进行系统分析，发现了长江江豚是一个与海洋江豚不同的独立遗传支系，特别是发现了海洋江豚和淡水江豚之间的适应性分化正好出现在与渗透调节相关的基因，从而与它们栖息于海水和淡水两种完全不同的盐度环境需要的适应性变化相吻合，证实了长江江豚与海洋江豚之间存在着显著而稳定的遗传分化，确立了长江江豚独立物种的地位。所以，江豚有三种：印太江豚、东亚江豚、长江江豚，前两种江豚生活在海里，长江江豚生活在淡水中。独立物种的确立也将进一步凸显长江江豚在长江生物多样性保护和生态系统保护中的旗舰物种地位，以及长江江豚保护工作的重要性和必要性。

长江江豚的
行为与习性

三头长江江豚同时出现　武家敏 摄

长江江豚喜好在支流、湖泊与长江汇合处、弯曲河段、江心洲头尾等靠近坡度平缓的自然岸带或洲滩水域活动。一般 3 ~ 5 头结成小群活动，10 头以上的大群比较少见。

观察长江江豚的行为和习性，大有学问，都属于动物行为学范畴。除了捕食，空中杂耍、快速游弋和跃水、船首乘浪、吐水、击水等都是它们的日常行为。

戏水　孔建国 摄

俗话说"江猪跳，有风暴""江猪在拜风，打鱼一场空"。每当天气变化，特别是大风天气前，江面就会顺风起浪，江豚会朝着起风的方向"顶风"出水，这种现象被称为"江猪拜风"。旧时江上生活的船工和渔民，常用江豚来预测风暴。如看到长江江豚频繁迎风出水，便知风雨将至，赶快靠岸躲避，故渔民视江豚为江神、神兽。

长江江豚出水呼吸时头吻部先出水，然后呼吸孔出水，呼气和吸气后即下潜，潜水时间约十几秒至几十秒，有时也可达1—2分钟。鲸豚类在水面跳跃时，经常伴随着翻滚、杂耍或击水，极具视觉冲击，似乎在传递兴奋愉快的信号，这也使得大家每看到此景都会很兴奋，可惜长江江豚很少全身跃出水面。

长江江豚吐水　李怀仁 摄

长江江豚跃出水面　陈曙明 摄

长江江豚捕鱼 夏淳 摄

长江江豚主要的食物是小型鱼类，如鳘、刀鲚、鲫、鳜等小型鱼类和青鱼、草鱼、鲢、鳙、鳊等鱼类的幼体，偶尔也吃小虾、螺类、水生昆虫幼虫等。

长江江豚捕食时通常协同进行，利用尾鳍击水、搅水，驱赶鱼群于一处，然后迅速冲向鱼群，衔住鱼儿快速转体急行；咬住鱼儿后，还会调整鱼头的方向，把鱼头对准喉咙，方便吞咽；有时还会把鱼儿抛向空中玩耍。

每年4—6月为长江江豚的繁殖高峰期，雄性在同一交配季节可与多头雌性交配，雌性在不同交配季节可与不同的雄性交配。孕期11—12个月，每胎产1崽，哺乳期至少6个月，幼豚通常与母豚在一起生活2年以上才离群。幼豚很小的时候，会趴在母豚背上，呼吸时一起露出水面。往往与母豚一起行动的其他江豚也会帮助照顾幼豚。

小江豚与妈妈形影不离 武家敏 摄

长江江豚的
保护与未来

南京与长江江豚

　　南京自古就与长江江豚有着不解之
缘。南京博物院里收藏着一件 4500 年
前的江豚形陶壶，说明早在 4500 年前，
江豚就已经出现在南京及周边地区，并
启发着人们创作出了这样一件造型可
爱，兼具艺术性与实用性的器具。写下
《江赋》的东晋文学家郭璞的衣冠冢就
在南京玄武湖公园内。《江赋》全面记

江豚形陶壶　向玲玉　摄

录和描写了长江的发源、流向及其所经之地的地形地貌、动植物乃至神灵传说，可谓一
本长江的"百科全书"，其中更是第一次出现了"江豚"一词。

　　许多老南京人，尤其是老渔民都有着在长江看到"江猪"的记忆。如今，南京是唯
一在市中心江段有野生长江江豚稳定栖息的大城市。2014 年 9 月，江苏省政府批准设立

南京长江江豚省级自然保护区。保护区西起江宁区新生洲，与安徽省马鞍山市相邻，东至南京长江大桥，规划总面积 86.92 平方千米。其中，核心区面积 30.25 平方千米，缓冲区面积 23.66 平方千米，实验区面积 33.01 平方千米。

2017 年，南京长江江豚省级自然保护区开展了持续时间最长、规模最大、调查最全面的一次区域性长江江豚科学调查。根据考察结果显示，约有 50 头江豚稳定栖息在南京江段，呈聚集型分布，主要有 3 个高密度区：新济洲、子汇洲、子母洲交汇水域，大胜关长江大桥和鱼嘴公园水域，以及毗邻主城区的潜洲水域。

南京长江江豚科学考察　张燕宁 摄

如今，长江江豚越来越被市民所熟知，南京江边现在也成了观赏野生长江江豚的好地方，中山码头、民国首都电厂旧址公园、大胜关大桥、鱼嘴湿地公园、江心洲，有些甚至成为南京的"网红打卡地"。江豚的形象及相关场馆也出现在南京城的很多地方，比如江豚观赏地、江豚广场、长江江豚监测站、长

志愿者普及江豚知识

江江豚科教中心，长江江豚逐渐融入南京城的文化生活和科学教育之中，越来越多的市民参与到了江豚保护的行动中。相信在全社会的关注和支持下，南京的长江江豚将继续与人们和谐共处，繁衍壮大，成为这座城市的一张物种名片。

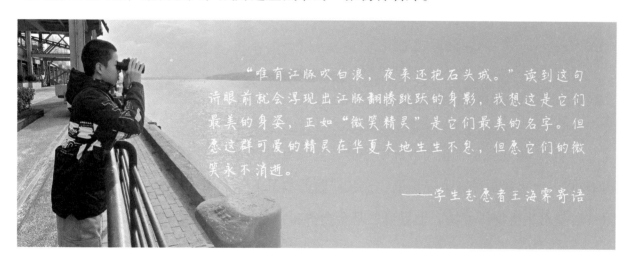

"唯有江豚吹白浪，夜来还抱石头城。"读到这句诗眼前就会浮现出江豚翻腾跳跃的身影，我想这是它们最美的身姿，正如"微笑精灵"是它们最美的名字。但愿这群可爱的精灵在华夏大地生生不息，但愿它们的微笑永不消逝。

——学生志愿者王海霁寄语

长江江豚的保护与未来

由于长江流域经济的快速发展，受人类活动影响，沿岸大量自然湿地的消失导致鱼类生存空间萎缩；加上捕渔业捕捞强度过大，导致长江渔业资源匮乏，江豚食物不足，直接影响了江豚的生存、发育和繁衍；繁忙的航运交通干扰了江豚的声呐系统，甚至有

江豚被船只的螺旋桨打伤致死；大面积挖砂破坏江豚的栖息地；此外，水质污染、违法捕捞等也威胁着长江江豚的生存。

水质被污染

中毒

栖息地被破坏

食物资源匮乏

饿死

长江江豚的危机

20 世纪 90 年代初，长江江豚的种群数量约为 2700 头，到了 2006 年，这个数字下降到 1800 头，也就是说这十多年里，长江江豚的数量下降了 1/3。2012 年，农业部组织中国科学院水生生物研究所、世界自然基金会等单位共同开展了长江淡水豚考察，结果显示长江江豚的种群数量为 1045 头。在 2006—2012 年的 6 年里，长江江豚的数量下降很快，如果不加以保护，那么长江江豚多年后将灭绝。

长江拥有独特的生态系统，是我国重要的生态宝库。作为长江的旗舰物种，长江江豚的生存状况是反映长江生态的"风向标"，长江江豚保护也是贯彻落实长江经济带"共抓大保护、不搞大开发"的重要举措。

1989 年江豚被列为国家二级保护野生动物；2014 年，农业部下文将长江江豚按照国家一级保护野生动物的保护要求，实施最严格的保护和管理措施。2021 年，调整后的《国家重点保护野生动物名录》发布，长江江豚正式被调整为国家一级保护野生动物。

目前，我国已在长江中下游建立了 4 个国家级自然保护区（铜陵淡水豚国家级自然保护区、东洞庭湖国家级自然保护区、石首天鹅洲长江豚类国家级自然保护区和长江新螺段白鱀豚国家级自然保护区）和 4 个省级自然保护区（鄱阳湖长江江豚省级自然保护区、安庆市长江江豚自然保护区、南京长江江豚省级自然保护区和镇江长江豚类省级自然保护区），并在安徽铜陵、湖北石首天鹅洲和监利何王庙、安庆西江等地建立了迁地保护种群，此外还有中国科学院水生生物研究所、天鹅洲网箱和安庆西江围栏等 3 个人工饲养种群。这些保护区和人工饲养种群，为长江江豚的长期可持续生存提供了重要的基础。

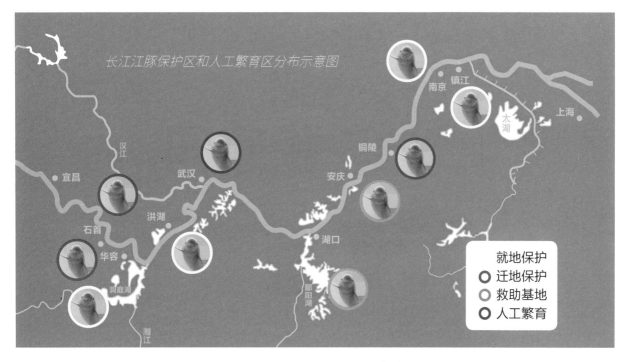

长江江豚保护区和人工繁育区分布示意图

就地保护
○ 迁地保护
○ 救助基地
● 人工繁育

根据 2017 年农业部组织的长江江豚大规模科学考察结果，长江江豚种群数量约为 1012 头，其中，长江干流约 445 头，洞庭湖约 110 头，鄱阳湖约 457 头。与 2012 年考察结果相比，长江江豚种群数量下降的趋势得到初步遏制，长江江豚的保护工作取得一定成效，但其极度濒危的状况并没有改变,针对长江江豚的保护措施和行动仍需进一步加强。

"共抓大保护、不搞大开发"是长江生态系统和生物多样性恢复的历史机遇。保护长江江豚，也是保护长江，更是保护我们共同的家园。

第五章

长江动物
"兽"护家园

从系统进化角度看，兽类（又称哺乳动物）是动物界进化最高等的一个类群，同时也是最成功的适应者。从深海蓝鲸到高原鼠兔，从北极熊到热带雨林长臂猿，它们分布广泛，种类繁多，已记录的 5488 种哺乳动物在塑造地球生态系统方面发挥着各自的作用。食草类哺乳动物和食肉类哺乳动物通过营养循环、能量流动以及自下而上和自上而下的过程，对陆地、水生和海洋系统中的初级生产者产生重大影响。

大型食肉动物，即我们通常所说的猛兽，是最受人们关注的类群之一。这些动物通常体型较大，是顶级食肉动物；它们或以个体或以种群的形式占领着一片片土地，是动物世界里的一方诸侯，主宰着众多食草动物的命运。

全球共有猫科、犬科、鼬科、熊科以及鬣狗科等 5 大类 31 种大型陆生食肉动物，而在中国，共分布有 12 种陆生大型食肉动物，分别是虎、豹、雪豹、云豹、豺狼、大熊猫、棕熊、亚洲黑熊、马来熊、狼、豺以及貂熊。

根据目前已有的调查和研究来看，中国至少有两个区域依然保存了较好的顶级食肉动物种群，一个在东北，而另外一个在长江的源头——三江源。在三江源至少分布有雪豹、金钱豹、棕熊、狼、豺、豺狼 6 种大型食肉动物。

长江流域有哺乳动物 280 种，其中重点保护哺乳动物 146 种，主要分布于横断山区、川西高原、云贵高原、四川盆地周边地区和秦巴山区、湖南南部、鄱阳湖平原、淮阳山地和长江下游平原。分布总体呈现出随我国三级地貌差异变化而变化的规律，其中青藏高原、秦岭西部、岷山、邛崃山、大小凉山、大小相岭、大娄山和皖南山区的哺乳动物种类较丰富，是长江流域哺乳动物的主要分布地域。

　　如今，无处不在的人类活动严重影响了野生动物的生存环境。哺乳动物受到栖息地丧失、过度开发、物种入侵及气候变化影响，大约 1/4 的哺乳动物种类面临灭绝的危险，超过一半的哺乳动物种群数量正在下降，这种下降也损害了它们所发挥的功能和它们所提供的有价值的生态系统服务。近年来，哺乳动物数量的迅速下降和灭绝风险的上升引起了人们对哺乳动物保护的极大关注。为了保持哺乳动物的多样性，我们应当时刻关注它们的生存状态，并努力采取有效措施对它们实行全面的保护。

哺乳动物的
基本特征

现代地球上，在脊椎动物演化史中最突出、最壮观的参与者当属兽类。相对于 1 万种以上已知的鸟类、3 万种以上已知的鱼类，5488 种已知的哺乳动物在数量上并不显得突出，然而，鉴于哺乳动物所占据的生态位及所拥有的独特形态特征，它们无疑是进化非常成功的一类。

哺乳动物，顾名思义，是以乳汁哺育幼崽的动物。明代李时珍在其《本草纲目》一书中曾经给兽类下过这样的定义："兽者四足而毛之总称，地产也。豢养者谓之畜。"在一般情况下，"四足而毛"这条定义足以用来鉴别大部分哺乳动物，但有些哺乳动物却让我们相当困惑，蝙蝠会被误认为鸟，鲸会被误称为"鱼"，大象的皮肤基本裸露，只有极少数稀疏的毛，等等。所以，我们需要进一步概括哺乳动物的一些形态特征，才能将哺乳动物与其他脊椎动物进行明确无误的区分。

脊椎动物是指具有脊柱等内部骨骼系统的一类动物，包括圆口类、鱼类、两栖类、爬行类、鸟类和哺乳类共六大类。哺乳动物都有的几大特征可以将其与其他脊椎动物类群区别开来：1.哺乳动物具有高效的循环系统，以维持其生命活动和恒温；2.哺乳动物的皮肤具有一些其他脊椎动物所没有的皮肤腺，有用来产生乳汁哺乳后代的乳腺，有些哺乳动物拥有汗腺，还有些哺乳动物拥有由汗腺（少数皮脂腺）演变而来的各种臭腺；3.哺乳动物仅以肺呼吸；4.除单孔类（4 种针鼹和 1 种鸭嘴兽）卵生外，哺乳动物均胎生。此外，与其他脊椎动物相比较，哺乳动物的脑最大；多数哺乳动物嗅觉良好，尤其是食肉类，听觉亦发达；除反刍类以外，哺乳动物的消化系统较少特化，绝大多数哺乳动物有能咀嚼的牙齿。

根据古生物学的研究，哺乳动物是在晚三叠纪由已绝灭的爬行动物兽孔类演化来的，到距今 1.6 亿年前的中生代的侏罗纪中期已出现了真正的哺乳动物，但是直到 6600 万年前恐龙灭绝后，哺乳动物才在脊椎动物的演化历程中开始占据显要位置，并且在新生代取代恐龙占据生态位优势。

由地质时间表可见地质历史上哺乳动物出现的时间：

地质时间表

代	纪	距今时间（万年）	世	哺乳动物及其祖先
新生代	第四纪	200+	现代	现代种和亚种，有些兽类被人类消灭
			更新代	现代种及其近祖先出现，大型兽类濒临灭绝
	第三纪	6500	上新世	现代属出现
			中新世	现代亚科出现
			渐新世	现代科出现
			始新世	现代目出现
			古新世	原始有袋类与有胎盘类占优势
中生代	白垩纪	13000	—	出现有袋类和有胎盘类
	侏罗纪	18000	—	古代兽类
	三叠纪	23000	—	兽孔类爬行动物
古生代	二叠纪	28000	—	出现兽孔类爬行动物
	石炭纪	35000	—	—
	泥盆纪	40000	—	—
	志留纪	45000	—	—
	奥陶纪	50000	—	—
	寒武纪	57000	—	—

在所有的动物当中，哺乳动物是人类最熟悉的，也是与人类关系最密切的一类动物。自从人类出现之后，首先就以其他哺乳动物和鱼类作为主要猎捕对象以取得衣食来源。随后，在人类发展进化过程中，一些野生动物逐渐被驯养成为家畜、家禽。哺乳动物是动物界中进化最好的高等动物，人类本身就是其中一种，并在与其他哺乳动物相互作用之下产生了巨大的作用。研究哺乳动物，对于了解人类本身具有重要的意义。

长江流域
常见哺乳动物

藏酋猴 *Macaca thibetana*　　　　　　　　　　　　　灵长目 猴科

保护级别　列入《国家重点保护野生动物名录》二级

物种概述

　　藏酋猴是猕猴属中体型最大的，为中国特有种。体长 61 ~ 72 厘米。头大，颜面皮肤肉色或灰黑色，成年雌猴面部皮肤肉红色，成年雄猴两颊及下颏有似络腮胡样的长毛。头顶和颈毛褐色。眉脊有黑色硬毛，背部毛色深褐，靠近尾基黑色。尾短，不超过 10 厘米。

　　主要生活在高山深谷的阔叶林、针阔叶混交林或稀树多岩的地方。栖息地海拔高度 1500 ~ 2500 米。杂食性，以多种植物的叶、芽、果、枝及竹笋，以及昆虫、蛙、鸟卵等为食。由于人类的盲目开垦导致阔叶林遭到破坏，藏酋猴的生存区域日渐狭窄。

张燕宁 摄

中华穿山甲 *Manis pentadactyla*

鳞甲目 鲮鲤科

保护级别 列入《国家重点保护野生动物名录》一级

物种概述

中华穿山甲头体长 42 ~ 92 厘米，尾长 28 ~ 35 厘米。吻尖，耳小。无齿，舌细长。四肢短而粗壮，各具 5 趾，趾端有坚而锐的爪。头、背、体侧至尾均被覆瓦状的硬角质鳞片。背部鳞片黑褐色或灰褐色，腹部灰白色，两颊、眼、耳以及颈腹部、四肢外侧、尾基都生有长的白色和棕黄色稀疏硬毛。栖于丘陵、田野的树林和灌木丛间，喜欢树冠下茂密灌丛和草本植物的环境。

中华穿山甲的食物主要是蚂蚁和白蚁，它用强健的前爪挖掘，随后用长而具黏性的舌取食。夜行性，独居。穴居，挖掘洞穴，并用土掩盖洞口，冬天在洞中度过。善于爬树，当受到威胁时将身体蜷缩成球形以自卫。夏末初秋繁殖，通常每胎产 1 崽。

由于作为野味、传统中药及其他制品用途被捕杀、盗猎，在许多分布区中华穿山甲已绝迹。

周佳俊 摄

张燕宁 摄

赤狐 *Vulpes vulpes*

食肉目 犬科

保护级别 列入《国家重点保护野生动物名录》二级

物种概述

赤狐的毛色因季节和地区不同有较大差异。赤狐有红狐、火狐、银狐、十字狐、草狐、南狐等别称。这些别称有很多是以外貌特征而命名的，比如红狐的身体以红色为主，如同一团火，又被叫火狐。银狐全身以黑色为底色，毛尖带有白色，在阳光或月光下显出银色光辉。赤狐的耳大而尖，尾粗且长，甚至能超过体长之半。

赤狐属食肉目犬科，广泛分布于欧亚大陆各种生境，主要选择食物丰富度较高的植被和生境类型。赤狐在我国川西高原较为常见，主要以啮齿动物、鸡形目鸟类和野兔等为食。

赤狐喜欢单独活动和夜间捕食，并有特别适于晚间活动、低光环境下的视觉系统，而且由于皮毛过于光鲜亮丽，不利于它们白天埋伏捕猎，所以白天它们多在休息。

它们的听觉与视力一样出色，尤其在晚上，赤狐的听觉超级灵敏，耳朵还能独立旋转 150 度，监听周围的一切声响。赤狐在暗夜里的视力好于白天，在光线较弱时它们的眼睛会吸收弱光，合成一束反射出去，因此能借助夜晚的微光狩猎。

棕熊 *Ursus arctos*

食肉目 熊科

保护级别 列入《国家重点保护野生动物名录》二级

物种概述

　　棕熊毛发以深棕色为主，肩部和背部呈灰白色，不同亚种之间毛发颜色差异明显。棕熊西藏亚种又称藏马熊或藏熊，体型较小，毛色显得斑驳，四肢色深，身体和头部色浅，多数颈部一周有白色或重色的色带。棕熊体格强壮，肩部隆起，头大且圆，耳朵较小，面部略微凹陷，前爪爪尖较长且粗钝。成年雄性平均体重为 130 ~ 400 千克，雌性体重略低于雄性体重的 10%，体长 1 ~ 2.8 米。由于区域性食源和季节性食源不同，不同亚种之间体形差异较大，同一亚种在不同季节体重也差异悬殊，棕熊秋季的体重能达到春季的两倍。

　　棕熊为地球上现存最大陆生食肉动物，分布广且数量较多。棕熊属杂食性动物，食物组成多样。植物包括莎草、苔藓、树根、坚果以及浆果等；动物包括昆虫、鱼类、啮齿类动物以及有蹄类动物。在森林地带，它们甚至可以全部依靠植物果实生活，而在不长树的高原，生活的为棕熊的西藏亚种，主要捕食旱獭和鼠兔等，偶尔抢夺雪豹或狼杀死的大型猎物。

江勇才仁 摄

徐永春 摄

水獭（欧亚水獭）*Lutra lutra*

食肉目 鼬科

保护级别　列入《国家重点保护野生动物名录》二级

物种概述

　　水獭头体长 49 ~ 84 厘米，尾长 30 ~ 40 厘米。身体细长，呈扁圆形，腿短，体被浓密而厚实的浅褐色毛，呈油亮光泽；颈部和腹部的毛色较亮。头部宽而稍扁，吻短，眼睛稍突而圆。面部前方有大的鼻垫，鼻垫上缘有明显凹度。鼻孔和耳道生有小圆瓣，潜水时能关闭，防水入侵。下颏中央有数根短的硬须，前肢腕垫后面长有数根短的刚毛。耳朵小，外缘圆形。尾呈锥形，厚实，有肌肉；趾间有蹼，爪发达。

　　水獭生活在从海平面到海拔高达 4000 多米的淡水区域，如江河、湖泊、池塘、溪流、湖沼、沼泽及稻田，不进深水区域。

　　水獭多穴居，一般没有固定洞穴。母兽哺育幼崽时定居。巢穴选在堤岸的岩缝中或树根下，自挖或利用狐、獾、野兔的旧巢，加以修补。洞穴一般有两个洞口，出入洞口一般在水面以下；另一洞口伸出地面，为气洞，以利空气流通。

　　水獭日隐夜出，听觉和嗅觉都很敏锐。水獭主要以鱼类为食，鱼类占其摄食总量的 80％以上；偶尔还吃蛙类、鸟类、甲壳类、兔类和啮齿类。饱食后的水獭，就在河溪边的沙滩上或河岸石板、岩穴下休息。在沙滩上选择休息地之前，有用爪在沙面上拨弄的习惯，被称作"挂爪"。

　　水獭别名欧亚水獭，曾经在江苏多有分布，常州、无锡、苏州、扬州、泰州、盐城、徐州等地都有记录，有的地方称其为"獭猫"。由于历史上的过度捕猎、栖息地破坏和水环境污染，水獭在许多地方已经绝迹。

肖飞 摄

张燕宁 摄

藏野驴 *Equus kiang*

奇蹄目 马科

保护级别 列入《国家重点保护野生动物名录》一级

物种概述

藏野驴头短而宽，吻部圆钝，耳很长，鬣鬃短而直，四肢粗大健壮。吻部呈乳白色，体背呈棕色或暗棕色，自肩部颈鬣的后端沿背脊至尾部，有明显较窄的棕褐色或黑褐色脊纹，肩胛部外侧各有一条明显的褐色条纹。肩后侧面有白色斑，腹部及四肢内侧呈白色。四肢外侧呈淡棕色，两耳耳尖黑色。强壮的四肢、流线型的身体赋予了它极强的奔跑能力。

藏野驴栖居于海拔 3600 ~ 5400 米的高原，分布于青藏高原地区。

在三江源，藏野驴随处可见。大多数情况下，藏野驴都是集小群生活，我们所见的五六只居多，大群有三四十只。藏野驴的行走方式很特别，它们通常排成一队鱼贯而行，雄驴领先，幼驴在中间，雌驴在最后，像部队行军那样整齐，很少紊乱。故此，藏野驴走过的道路多半被踏成一条明显的"驴径"，在其经过的地方有大堆的粪便，因此很容易辨别出其活动路线。藏野驴的这种行为方式，可以更好地保护它们的幼崽不受攻击。

毛冠鹿 *Elaphodus cephalophus*

鲸偶蹄目 鹿科

保护级别 列入《国家重点保护野生动物名录》二级

物种概述

　　毛冠鹿是一种小型鹿，为鹿科毛冠鹿属的唯一种类。头体长 85 ~ 170 厘米，体毛颜色很深，黑褐色的体背略微泛有淡紫色的光泽，正因如此，它们也被叫作"黑麂"。雄性毛冠鹿有小小的、不分叉的短角，不仔细观察很难看出来，所以又被叫作"隐角鹿"。在头顶正中有一簇明显的浓密黑色冠毛，像戴上了一顶特殊的小帽，这是它们的重要鉴别标志，"毛冠鹿"也因此得名。

　　毛冠鹿栖息于山地森林环境中，白天多藏身于林内灌丛或竹林中，通常独居，偶尔可见到成对活动。其食性较广，包括各类草本植物、树叶、竹子与菌类。在其活动范围内，毛冠鹿会有规律地访问天然或人工盐井，通过舔盐来补充矿物质。尽管毛冠鹿分布区面积广大，但迄今对其研究较少，对其生态特性所知非常有限。

张燕宁 摄

白唇鹿 *Przewalskium albirostris*

鲸偶蹄目 鹿科

保护级别 列入《国家重点保护野生动物名录》一级

物种概述

白唇鹿具有洁白的下唇，并且白色延续到喉的上部与吻部两侧，因此它们被人们称为"白唇鹿"，也叫"白鼻鹿"。白唇鹿是大型鹿类，体长为 100 ~ 210 厘米，肩高 120 ~ 130 厘米，尾巴是大型鹿类中最短的。头部略呈等腰三角形，额部宽平，

张燕宁 摄

耳朵长而尖，眶下腺大而深，十分显著。成年雄性白唇鹿有鹿角，雌性无角，雄鹿每年夏末前长出鹿茸并在第二年早春脱落。

白唇鹿颈部很长，臀部有淡黄色的斑块，体毛较长而粗硬，具有中空的髓心，保暖性能好，能够抵抗风雪。冬季的体毛为暗褐色，所以又有"红鹿"之称；夏毛颜色较深，呈黄褐色，所以也被叫作"黄鹿"。

白唇鹿主要分布在青海、四川、云南、西藏和甘肃的青藏高原区，为鹿科动物中分布海拔最高的物种。白唇鹿是中国特有种，嗅觉和听觉非常灵敏，只要有些许响动，它们就会立即警觉起来。白唇鹿喜欢在林间空地和林原活动，由于蹄子比其他鹿类宽大，适于爬山，有时甚至可以攀登裸岩峭壁，奔跑的时候足关节还发出"喀嚓喀嚓"的响声。它还善于游泳，能渡过流速湍急的宽阔水面。

野牦牛 *Bos mutus*

鲸偶蹄目 牛科

保护级别 列入《国家重点保护野生动物名录》一级

物种概述

　　野牦牛体型硕大，头体长300～385厘米，雄性明显大于雌性，为青藏高原特有种，是青藏高原体型最大的野生动物。野牦牛整体黑色至棕黑色，粗糙而蓬松的长毛在腹部下方几乎可垂至地面。尾长，具有蓬松的长毛。肩部高耸，四肢强壮，蹄大而圆。头部硕大，口鼻周围毛色灰白，双耳小而圆，额部宽而平，两侧有粗壮的双角，色黑至灰黑或灰白，角尖向后。

　　野牦牛栖息于海拔3500～6000米的草原、草甸和高寒荒漠生境，主要以禾本科草类为食。成年雌性和幼体、亚成体常集为10～200只的群体活动，而成年雄性常单独活动，或集为2～12只的全雄群。成年雄性，尤其是单独活动的独牛，脾气暴躁，在受到惊吓或移动路线被阻断时，会低头、喷气、尾巴上竖，短距离冲刺以示威吓，甚至直接顶撞、冲击。野牦牛在海拔6000米的高原，还能维持每小时约40千米的速度奔跑。有较快的速度和两只粗大的犄角，以及本身近1吨重的体重，冲击力可以轻松将一辆越野汽车顶翻。

向多 摄

张燕宁 摄

岩羊 *Pseudois nayaur*

鲸偶蹄目 牛科

保护级别 列入《国家重点保护野生动物名录》二级

物种概述

岩羊又名崖羊、石羊，是典型的高山动物，具有很强的极端环境耐受力，广泛分布于青藏高原，是青藏高原种群数量最多、分布范围最广的有蹄类动物之一，也是雪豹的主要食物之一，对维持物种多样性和生态系统稳定性有重要意义。

岩羊体型中等，成年雄性体长 1.2 ~ 1.4 米，体重 50 ~ 75 千克，体型和体重均大于雌性。雌雄个体均有角，雄性角粗而大，双角向外分歧呈"V"形且向后外侧弯。雌性角

短而扁。岩羊背部毛色呈青灰色，有一条明显黑纹，胸部为黑褐色并延伸至四肢外缘，腹部、臀部以及尾基部和四肢内侧呈白色，尾部尖端为黑色。岩羊体色与岩石相似，在野外与周围环境十分协调，隐蔽性很强，很难被发现。

喜马拉雅旱獭 *Marmota himalayana*

啮齿目 松鼠科

物种概述

　　喜马拉雅旱獭是一种主要栖息在青藏高原的大型冬眠啮齿类动物，分布海拔为3500～5200米。喜马拉雅旱獭为中型兽类，头部短而阔，上唇开裂，尾巴较短且上下扁平，一般雄性体型较大。

　　喜马拉雅旱獭主要以草木植物的根、茎、叶与种子为食，活动十分谨慎，在觅食期间经常抬头观察周边环境，受到人或其他动物（家犬以及藏狐）惊扰时会发出警报声，周边个体听到警报声后也立即开始警戒或者迅速进入临近的洞穴，或立于洞口观望警戒，当干扰源逐渐靠近时，该警戒个体也进入洞内。除特殊恶劣天气外（大雨、大雪及冰雹）都会出洞活动，每日出洞活动时间大致为日出时出洞，日落时进洞。

张燕宁 摄

灰尾兔 *Lepus oiostolus*

兔形目 兔科

物种概述

张燕宁 摄

　　灰尾兔，别名高原兔、绒毛兔，多栖息于海拔 2000 ～ 4000 米的高山草甸或灌木丛中。灰尾兔是体型大的兔子，身体长度约为 35 ～ 56 厘米，是中国已知体型第二大的兔子，仅稍逊于雪兔。成年的灰尾兔在冬天和夏天毛色会略有不同。通常，冬天的毛大部分为白色或灰色，夏天则呈现出沙黄褐色。刚出生的灰尾兔幼崽毛色为沙黄色，背部上段的毛有明显卷曲，毛尖呈现波浪状，而经过第一次换毛后，幼兔的毛色就会呈现出铅灰色或银灰色。

　　灰尾兔都是选择性打洞。大多数情况下，它会寻找喜马拉雅旱獭废弃的洞穴作为栖身之所，只有在冬季需要冬眠时，才会在灌木较多的地方挖掘巢穴。有意思的是，雌雄灰尾兔挖洞风格迥异。雌兔的洞穴多为卵圆形，洞比较深，洞口较大；雄兔的洞穴为椭圆形，洞的形状长而且直。在脊椎动物中，灰尾兔处于食物链底端，随时都要面临天上的猛禽以及地上的狼、狐狸、熊、豹、猞猁等动物的威胁。

长江流域
明星哺乳动物

川金丝猴 *Rhinopithecus roxellana*　　　　　　　　　灵长目　猴科

保护级别　列入《国家重点保护野生动物名录》一级

物种概述

　　川金丝猴体型中等，体长 57 ~ 76 厘米，尾长 51 ~ 72 厘米，又名仰鼻猴、金丝猴、金线猴等，是中国的特有种。川金丝猴鼻孔向上仰，颜面部为蓝色，无颊囊，颊部及颈侧棕红，肩背具长毛，色泽金黄，尾与体等长或尾更长。

　　川金丝猴是典型的森林树栖动物，常年栖息于海拔 1500 ~ 3300 米的森林中，其食性很杂，喜欢吃各种树叶、嫩草、野果，所食的主要植物种类达 118 种，间或也会捕食鸟和小型昆虫。和猕猴不同，川金丝猴是没有猴王的，它们以家庭为单位聚居在一起，每个家庭又各自独立。家庭中以雄猴作为"家长"。每个小家族集群由一强健的成年雄猴为首领猴，和 3 ~ 5 只雌猴及 3 岁以下的幼猴及哺乳的崽猴所组成。"家长"肩负着保护家庭成员，争夺领地、食物的重任，所以它们的待遇也是最高的。

川金丝猴的金色毛皮十分美丽，人们捕猎它一方面主要是为了获取皮毛，另一方面是一些人错误地认为川金丝猴的肉和骨在某些方面有药用价值。由于栖息地与大熊猫重叠，为保护大熊猫建立的保护区开展保护工作较早，相比于其他两种仰鼻属的猴子，川金丝猴的数量最多。随着全面禁止砍伐天然林，川金丝猴的栖息地得到了更好的保护。

张燕宁 摄

狼 *Canis lupus*

食肉目 犬科

保护级别　列入《国家重点保护野生动物名录》二级

物种概述

　　狼也称灰狼，属于食肉目犬科犬属，是世界上体型最大的犬科动物。外形与家犬相似，但吻部较家犬更尖。耳朵直立，尾巴下垂，前足第三、第四趾最长，腕垫相对较小。面部和喉部呈浅灰棕色或污白色，上下唇颜色较深。双耳为浅棕色，耳朵尖部颜色更深。身体头部、背部除四肢外侧外均为棕黄色或黄褐色，也掺杂有灰色和黑色。腹部毛色为浅棕或棕白色。但是不同地区、不同亚种的狼的毛色差异较大，同一地区的毛色也存在差异，毛色的变异与栖息地的环境条件等有直接关系。

　　狼的适应能力较强，曾广泛分布于北纬20°以北的欧亚大陆及北美大陆除热带雨林和沙漠以外的大部分地区。狼主要捕食有蹄类动物，包括鹿、岩羊、原羚、野猪、野驴等，同时也会捕食旱獭、野兔等小型猎物。狼是社会性群居动物，以小的家庭群或家族群为单位进行集体活动和捕食，在群里有着严格的等级序列。在我国，前些年由于生境的严重破坏和人类的大量捕杀，狼的分布区域大为缩小，种群数量极度下降。

张燕宁 摄

藏狐 *Vulpes ferrilata*

食肉目 犬科

保护级别 列入《国家重点保护野生动物名录》二级

物种概述

张燕宁 摄

藏狐大小接近赤狐或略小，耳短小，耳背之毛色与头部及体背部近似。尾形粗短，长度不及体长之半。冬毛毛被厚而茸密，毛短而略卷曲，背部灰色或浅红棕色，腹部白色，尾毛蓬松，尾毛前段铅灰色，尾尖白色。

藏狐是青藏高原特有的犬科动物，主要分布于青藏高原的高寒草甸草原地带，多在开阔的山间缓坡及盆地四周活动，一般远离灌丛生境，行动敏捷，性机警。藏狐通常单独捕食，偶尔成对活动。藏狐主要以鼠兔及小型草原啮齿类动物为食，偶尔也吃旱獭、鸟类、兔子、蜥蜴和昆虫等，在草原生态系统中处于较高的营养级。藏狐被藏区的牧民称作"瓦莫"，代表着狡猾、阴险。因为藏狐和其他狐类一样在地洞中繁殖，所以藏狐会霸占旱獭废弃的巢穴来居住。而在不繁殖的季节，藏狐也会把旱獭从家中赶走，只为了在里面睡大觉。

大熊猫 *Ailuropoda melanoleuca*

食肉目 熊科

保护级别　列入《国家重点保护野生动物名录》一级

物种概述

唐家河保护区 摄

　　大熊猫是大型熊类，为中国特有种，头体长 120 ~ 180 厘米，尾长 8 ~ 16 厘米。成年雄性体型大于雌性，毛色为分明的黑白两色，与其他熊类物种相比头吻部较短而钝。大熊猫的四肢、肩部、耳朵及眼圈为黑色，身体其余部分为白色。

　　大熊猫主要分布在海拔 1200 ~ 3200 米之间、具有浓密林下箭竹的温性山地森林栖息地中。它们的食性特化，主要以竹子为食，但可以取食的竹子种类繁多。大熊猫每天需要花费 12—14 小时进食，因此会在其活动区域内留下大量明显的粪便和取食痕迹。成年大熊猫独居生活，个体之间一般通过气味标记来相互联络。大熊猫通过喷射尿液，或把肛周腺分泌物涂抹在树干上的方式进行气味标记。大熊猫在精心选择的树洞、岩洞或岩石裂隙中产崽，每胎大多 1 只，偶尔 2 只。与其他生活在温带和寒带的熊类不同，大熊猫在冬季不冬眠。

小熊猫 *Ailurus fulgens*

食肉目 小熊猫科

保护级别 列入《国家重点保护野生动物名录》二级

物种概述

小熊猫头体长 51 ～ 73 厘米，尾长 28 ～ 54 厘米，整体毛色为红棕色。小熊猫具有一条粗长的尾巴。四肢与腹面的毛色比背面更深，为棕黑色。尾巴是小熊猫最明显的特征之一，蓬松粗壮且较长，上面有多个深色的环纹。头部较圆，吻部较短。双耳较大，呈三角形竖起，耳缘具白毛。眼下至嘴角具两条深色带，从而形成独特的"眼罩"状面部斑纹。

小熊猫栖息于长有浓密竹丛的温性森林环境中，有时也会在接近树线的高海拔区域（上至 3600 米）活动。以竹子为主食，食物包括竹叶与竹笋、坚果、浆果、根茎、柔嫩草叶和地衣，也会捕食一些小型脊椎动物，偶尔取食鸟蛋、昆虫和昆虫幼虫等。小熊猫是一种喜暖动物，善于爬树，每天早上的 8—10 点是小熊猫白天的活动高峰期，清早时只要天气晴好，大概率可以看到它在树顶上晒太阳或吃果子。

张燕宁 摄

雪豹 *Panthera uncia*

食肉目 猫科

保护级别 列入《国家重点保护野生动物名录》一级

物种概述

　　雪豹属于大型猫科动物，原产于亚洲中部山区。因终年生活在雪线附近而得名，外形似虎，被誉为世界上最美丽的猫科动物。雪豹周身长着细软厚密的白毛，上面分布着许多不规则的黑色圆环。与生活在平原的豹不同，它前掌比较发达，因为是一种崖生性动物，前肢主要用于攀爬。

　　雪豹行动敏捷，动作灵活，善于跳跃，具有夜行性，昼伏夜出，每日清晨及黄昏为捕食等活动的高峰期。雪豹的毛发是所有大型猫科动物中最厚最长的，冬季腹毛长达 12 厘米。雪豹身上烟灰色或奶黄色的毛发和豹纹，与栖息地岩石的色泽极其相似，加之它们昼伏夜出，难以被发现。

　　雪豹性情凶猛异常，以岩羊、北山羊、盘羊等动物为主食，也捕食高原兔、旱獭、鼠类、雪鸡、马鸡、虹雉等小动物，在食物缺乏时也盗食家畜、家禽。雪豹每胎通常可产 2 ~ 3 只幼雪豹。幼雪豹在 18—22 个月后离开母亲，独立生活。基于非常有限的数据表明，全世界的雪豹栖息地面积约为 600 万平方千米，在野外的成年个体大约有 3000 只。中国作为雪豹的起源中心，拥有超过 60% 的栖息地和种群。

图松 摄

兔狲 *Otocolobus manul*

食肉目 猫科

保护级别 列入《国家重点保护野生动物名录》二级

物种概述

徐永春 摄

兔狲体型比家猫略大，头体长 45 ~ 65 厘米，尾长 21 ~ 35 厘米。身体低矮粗壮，四肢明显较短，尾巴粗而蓬松。它们的毛发非常浓密，毛尖白色，使得其整体毛色显得泛灰白或银灰。尾巴长而蓬松，具黑色环纹，尾尖黑色。冬毛比夏毛更长更浓密，毛色更浅。腹部长有粗糙的长毛，在冬季时甚至可接近地面。

兔狲主要分布高山草甸、灌丛草甸、低山丘陵、荒漠与半荒漠地带。全球有 50% 以上的兔狲分布在中国，主要分布于西部和北部。研究表明，兔狲是夜行性动物，主要在晨昏活动，捕食鼠兔、旱獭、小型啮齿类、兔类和鸟类动物，以伏击为主要的捕猎策略。母兽每胎产崽 3 ~ 6 只。在自然生境中，同域分布的狐狸（赤狐、藏狐）与其他中小型猫科动物（例如荒漠猫）是兔狲的主要竞争者。

水鹿 *Cervus equinus*

鲸偶蹄目 鹿科

保护级别 列入《国家重点保护野生动物名录》二级

物种概述

　　水鹿是一种大型鹿科动物,头体长 180 ~ 200 厘米。整体毛色通常为暗棕红色至棕色或黑色。水鹿的四肢通常毛色较浅,唇下为白色。双耳较大且圆,耳郭内部白色,外缘深色,基部长有较长毛丛。成年雄性长有一对粗壮的鹿角,通常分为三叉。

　　水鹿是一种大范围活动的动物,森林、草原、高山、山地,都有它们的身影,典型的栖息地为热带与亚热带森林,但也对其他多种多样的栖息地类型具有高度适应性。它们没有固定的窝,唯一的要求就是不远离水源。水鹿食性非常广,爱吃各种杂草、树叶,但是因为植物中缺少钠,它们需要定期寻找矿区舔盐,帮助它们补充身体必需的钠元素,维持代谢平衡和健康。

张燕宁 摄

麋鹿 *Elaphurus davidianus*

鲸偶蹄目 鹿科

保护级别 列入《国家重点保护野生动物名录》一级

物种概述

张燕宁 摄

　　麋鹿为大型鹿类，头体长 150 ~ 220 厘米。麋鹿身体壮实，面部长而窄，尾比其他鹿类的尾长。冬毛灰棕色，夏毛以红棕色为主，腹部和四肢浅黄色。仅雄性具大型鹿角，每年 12 月至来年 3 月生茸质角,随后骨化脱茸形成骨质角,11 月底开始脱落,再生茸,年复一年,周期性生理循环。麋鹿角形独特，角尖朝后而无眉叉，主干离头部一段距离后分为前、后两枝，倒置后可稳立不倒。麋鹿角的分叉随个体年龄增长而发生变化：2 岁为独角，3 岁为二叉，4 岁为三叉，5 岁为四叉，在形成四叉角后分叉规律与年龄不再相吻合，老年鹿角的次级分叉复杂无规律，且左右不对称。蹄扁平宽阔，适应于湿地行走。

　　麋鹿为中国特有种,曾经广泛分布于长江中下游区域。现多地建有麋鹿保护和栖息地,如江苏大丰麋鹿国家级自然保护区、湖北石首麋鹿国家级自然保护区、湖南东洞庭湖国家级自然保护区。

　　麋鹿的头和脸似马非马,角似鹿非鹿,蹄似牛非牛,尾似驴非驴,因此又称"四不像"。

　　麋鹿生活在平原、草地和草丛沼泽地带,生活中大量的时间待在水里,极善游泳,可穿越河流与湖泊。麋鹿是一种适应湿地环境的食草动物,主要食物是草本植物,喜食禾本科和部分豆科植物的幼嫩枝叶,不耐粗食,只在饥饿情况下采食干草或老草,白日和黄昏较为活跃。5月底至8月,雄鹿会以双角挑举青草藤蔓等植物向雌鹿炫耀,雄鹿之间以对峙或双角相撞的方式进行优势地位的争夺以产生"鹿王"。打斗不甚激烈,通常不会致命。雌性孕期250—315天,每胎仅产1崽。

张燕宁 摄

獐 *Hydropotes inermis*

鲸偶蹄目 鹿科

保护级别 列入《国家重点保护野生动物名录》二级

物种概述

严少华 摄

　　獐是小型鹿类，雌雄均无角。雄性上犬齿发达，向下延伸成獠牙，突出口外。毛厚密，尾短不明显。体背及侧面为棕黄色，下颌和喉上部白色，腹中央淡黄色。幼崽体侧有两行小的白色斑点。栖息于河岸、湖边、湖中心草滩、海滩芦苇或茅草丛生的环境，也生活在低丘和海岛林缘草灌丛处，选择附近有水的草滩或稀疏灌丛生境。善游泳，能在岛屿与岛屿、岛屿与沙滩间迁移。丘陵山区的獐，在灌木丛、草坡或矮树林中栖息。生性胆小，感觉灵敏，善隐蔽；行动轻快，常跳跃前进。单独或成小群活动，以晨昏活动最为频繁。

　　獐曾广泛分布在国内，由于人类活动不断加剧，獐的栖息地不断受挤压，在许多地方数量急剧减少。

藏原羚 *Procapra picticaudata*

鲸偶蹄目 牛科

保护级别　列入《国家重点保护野生动物名录》二级

物种概述

张燕宁 摄

　　藏原羚又名原羚，小羚羊或西藏黄羊，可能是青藏高原上分布最广的有蹄类动物。体长 91 ～ 105 厘米，通体被毛厚而浓，体形矫健，四肢细长，在高原上行动敏捷、疾驰如飞。体毛灰褐色，腹毛白色，在强烈阳光的照耀下，远看其体色近似沙土黄色，因而又得名黄羊。雄兽生有细而长的角、呈镰刀状，双角自额部几乎平行向上升起再向后弯曲，在近角尖处又呈弧形上翘。它听觉和视觉极好，性情机警，遇到天敌后会迅速地逃遁。藏原羚适应性强，抗病能力强，性情温驯活泼，两性臀部都有纯白色的"爱心"大斑，在野外遇人受惊逃遁时极易辨认。

　　藏原羚栖息环境较为广泛，在海拔 3000 ～ 5000 米的各种草原环境中几乎都可以生存。雌性和雄性藏原羚大多分开活动，雄性藏原羚习惯以 4 ～ 7 只组成小队，雌性藏原羚更喜欢分散开单独行动。它们在不同季节会结成不同大小的群体，通常冬春季的群体较大，常常是数十只，有时形成上百只的大群。

藏羚 *Pantholops hodgsonii*

鲸偶蹄目 牛科

保护级别 列入《国家重点保护野生动物名录》一级

物种概述

藏羚是一种中等体型的羚羊，头体长 120 ~ 135 厘米，雄性体型明显大于雌性。其总体毛色为沙棕色至土黄色，腹部毛色较浅。成年雄性面部有显眼的黑色面罩，眼圈和上唇则为对比鲜明的浅色。成年雄性具细长尖利的双角，从头顶垂直向上长出，角尖略弯而前倾。从正前方看，藏羚的双角呈 "V" 字形，双角形态独特。

藏羚是青藏高原的基础物种，也是青藏高原动物的典型代表，通常栖息于青藏高原海拔 3700 ~ 5500 米范围内的开阔生境，包括草原、草甸和荒漠等。以苔草、地衣等各种地面植被为食。成年雄性在非繁殖季通常独居活动。藏羚是我国为数不多的进行迁徙的有蹄类哺乳动物。分布在不同地区不同种群的藏羚羊，迁徙的路线、时间也各不相同。在集群迁徙时，雌性藏羚会聚集形成数百只至数千只的大群，迁徙 300 ~ 400 千米到达产崽地生产。在迁徙时，雌性与雄性个体完全分离，雄性不具迁徙习性。

在 20 世纪 90 年代，为获得藏羚所产的羊绒，盗猎分子进行了疯狂的盗猎，导致藏羚种群数量急剧下降。随后的几十年，在实施了严格的保护政策后，种群数量持续回升。

张燕宁 摄

四川羚牛 *Budorcas taxicolor*

鲸偶蹄目 牛科

保护级别 列入《国家重点保护野生动物名录》一级

物种概述

李鹏 摄

　　四川羚牛是一种大型食草动物，为中国特有种，其牙齿、角、蹄子等更接近羊，在动物分类上属于牛科下的羊亚科。四川羚牛是一种介于牛羊之间，与羊亲缘关系更近的生物。四川羚牛头体长 170 ~ 220 厘米。

　　四川羚牛分布的海拔可纵跨 1000 ~ 4200 米的范围，具有季节性垂直迁徙行为。四川羚牛春季主要在河谷以青草、嫩枝叶等为食，夏秋会逐渐向高山上迁移，以枝叶和高山草甸的草料为食，冬季则主要以箭竹、玉山竹等高山竹类为食。

　　四川羚牛又被称为"六不像"：脊背隆起像棕熊，吻鼻紧绷似驼鹿，两只弯角像角马，尾巴短小如山羊，四肢强壮似家牛，后腿形如斑鬣狗。

高原鼠兔 *Ochotona curzoniae*　　　　兔形目 鼠兔科

物种概述

高原鼠兔个体较大,体长在 140 ~ 200 毫米。高原鼠兔身体淡沙褐色,颈部颜色稍淡,最大的特点是嘴唇周围有显著的黑色,身体腹部毛色灰白或淡沙黄色。

高原鼠兔是典型的社会性动物,一个鼠兔家族大概由两三只雄性搭配两三只雌性和一些幼崽构成。每个鼠兔家族会挖掘属于自己的一套洞穴系统,洞道系统错综复杂,洞穴中有储藏室,还有"厕所",它们甚至还会打造专门的育婴室,十分有趣。

高原鼠兔国内主要分布于青藏高原,又叫黑唇鼠兔。高原鼠兔几乎是高原上所有食肉动物的猎物,狼、狐狸、熊、猎隼、鹰等动物都依赖鼠兔生存,是高寒草甸区的"关键物种",被称为"草原大米"。

张燕宁 摄

第六章

长江动物
"鱼"你有约

长江流域水域面积占全国淡水水域面积的 50%，有着世界上保存比较完整的淡水流域生态系统，是世界淡水水生物多样性最为丰富的水系之一。

长江历史（2017 年前）分布鱼类记录有 18 目 37 科 163 属 443 种，包括淡水鱼类 378 种，接近全国淡水鱼种总数的 1/3，居全国各水系之首；9 种河海洄游性鱼类，如中华鲟、鳗鲡等；37 种河口鱼类，如鲻、花鲈等；19 种外来鱼类；其中特有鱼类 194 种占长江鱼类物种总数的 43.8%，因而长江有"鱼类基因的宝库"之称。

由于生活环境条件的不同及鱼类区系复合体起源及演化的差异，长江流域内的鱼类分布具有明显的地域差异性，大致可划分为青藏川西高原鱼区、金沙江川江水系鱼区、中下游水系鱼区和河口鱼区。大体上来说，青藏川西区鱼类为高寒冷水性鱼类，川江区多山地流水性种类，中下游多平原静水性种类，河口区则为海水淡水混合种类。由上而下，种类由少到多，分类结构由简单愈趋复杂。

鱼类的多样性造就了长江流域丰富的渔业资源。长江曾是我国淡水渔业最重要的产区之一，鱼产量曾约占全国淡水鱼产量的 60%，仅青、草、鲢、鳙"四大家鱼"的鱼苗年产量在长江就曾高达 300 亿尾。正是如此，在很多人的潜意识当中，都把鱼作为一种可以被利用、食用的资源动物，而没有意识到它实际上也是一种野生动物，其中很多种类都需要加以关注和保护。

从物种数据上看，长江鱼类丰富的多样性毋庸置疑。然而，受人类活动影响，流域内多种野生鱼类的生存受到了不同程度的威胁，珍稀特有鱼类全面衰退，经济鱼类资源量接近枯竭。据 2021 年版《中国生物多样性红色名录》显示，极危、濒危、易危等级的受威胁鱼类物种共 95 种，占长江鱼类物种总数的 21.4%。2022 年 10 月，《长江水生生物资源与环境本底状况调查（2017—2021）》发表，其调查结果显示，采集到的鱼类共 323 种，135 种有历史记录的鱼类没有采集到，新增加 15 种外来鱼类；长江流域的国家一、二级保护野生鱼类有 29 种，而此次调查仅记录到 15 种。鲟鱼是现存起源较早的脊椎动物之一，也是鱼类中较原始的类群之一，已经在地球上生存了 1.4 亿年，然而我国现存的几种鲟鱼生存状况都不容乐观：白鲟已被世界自然保护联盟宣布灭绝，长江鲟被世界自然保护联盟认定为野外灭绝，中华鲟为极危等级。作为"长江三鲜"之一的鲥鱼在长江流域已功能性灭绝，中国水产科学研究院长江水产研究所于 1996 年、2006 年、2007 年对鲥鱼进行调查搜索，均未能捕获。而鯮也已多年未见野生个体。此外，当前鱼类资源数量约为 8.86 亿尾，资源现存量为 12.48 万吨，仅相当于 20 世纪 50 年代的 27.3%、20 世纪 80 年代的 58.7%。不论是中华鲟、胭脂鱼、长江鲟等"明星物种"，还是我们百姓餐桌上曾经最常见的"四大家鱼"，其野生种群都面临着灭绝或是种群数量下降的艰难处境。

这些令人触目惊心的数字无一不提醒着我们要保护好长江的鱼类资源和整个生态系统。水生动物作为长江流域生态系统中的一个重要因子，其健康程度反映了长江流域生态系统的健康状况。保护长江流域水生野生动物，特别是濒危水生野生动物，对于维护长江流域的生态平衡、开展该流域相关的科学研究、合理利用资源、促进国际交流等都有着十分重要的意义。

值得欣慰的是，2020 年 1 月 1 日起实施的长江 10 年禁渔计划初见成效。根据调查和模型模拟结果显示，鱼类资源将显著上升，并将呈现出显著的群落动态演替过程，短生命周期鱼类种群有望首先快速恢复。

鱼类的
基本特征

甲骨文	金文		篆文	隶书	楷书	行书	草书	繁体标宋	简体标宋
佚812	白鱼敦	犀伯鼎	说文解字	曹全碑	张猛龙碑	张照	王羲之	印刷字库	印刷字库

　　"鱼"在甲骨文中，上像鱼头，中像身，下像尾，两侧像鳍，是象形文字。这个字在《说文解字》中释义为："鱼，水虫也。象形，鱼尾与燕尾相似。凡鱼之属皆从鱼。"意思是说"鱼"是水里的生物，鱼的尾巴和燕子的尾巴相似，所有与"鱼"相关的字都用"鱼"字做偏旁。古时候，人们对动物的分类并没有科学的认识，只是粗略地把水里的动物都称作鱼，而从现代动物分类学的角度来看，许多古人定名称为"鱼"的动物，根本不属于鱼类，我们接触到很多不是鱼却带鱼字的动物，比如鱿鱼、鲸鱼、鳄鱼、衣鱼、墨斗鱼、娃娃鱼等，时至今日，仍有人将一些非鱼的动物误认为是"鱼"。究竟什么样的动物我们才能称为鱼？

　　鱼类是最古老的脊椎动物，也是脊椎动物中种类最多的一类。鱼类几乎遍布所有江河、湖泊及海洋。全球已有记载的鱼类约30000种，约占全部脊椎动物物种数的60%。

　　根据骨骼成分的不同，鱼类可分为软骨鱼和硬骨鱼两大类。软骨鱼的内骨骼完全由软骨组成，常钙化但没有真骨组织，如鲨鱼、鳐鱼；硬骨鱼的骨骼则部分或全部骨化成硬骨质，常见的淡水鱼类都属于硬骨鱼，如鲤、鳗鱼等。

中华鳑鲏　张燕宁 摄

　　要区别鱼类和其他脊椎动物，大致可依下面 6 个特征来判断：

　　1. 生活在水中。身体呈流线型，以减少游泳时的阻力。

　　2. 利用鳍在水里运动。鳍兼具桨和舵的功能，可控制鱼体前进、后退、上升或下潜。

　　3. 以鳃在水中进行呼吸。须张口引入水，经过头两侧的鳃交换气体后，再由鳃孔排出。

　　4. 大多数表面具有鳞片来保护身体。鱼的鳞片呈覆瓦状整齐排列，而鳞列数或侧线孔鳞数是鱼类分类的重要依据。

　　5. 多数硬骨鱼可以利用鳔来调节在水中的浮力。有些种类的鳔可兼具发声、呼吸或听觉的功能。另外，鳔的形状也是鱼类分类的依据之一。

　　6. 绝大多数鱼类属于变温动物。和具有恒定体温的人类不同，鱼的体温与所处水域的水温相适应，只有少数大洋鱼类体内温度较体外高。

　　鱼类和其他生物一样需要氧气来维持生命，但它们生活在密度较空气高 800 倍、黏度高 50 倍的水体中，且水中的氧气比空气中的氧气稀薄且不稳定。氧气在空气中占

21%，但在水中只占 1%，因此鱼类在水中吸入氧气要困难得多。那鱼类在水中是如何呼吸的呢？

鱼类主要的呼吸器官是鳃。鳃位于口咽腔的两侧，对称排列，硬骨鱼类通常有 4 ~ 5 对鳃，少数软骨鱼类是 6 ~ 7 对鳃。鳃由鳃弓、鳃耙和鳃丝组成，鳃弓呈弓形，内侧是鳃耙，有滤食作用，它的疏密、数目和食性有关，细密者为滤食性，粗疏者为肉食性，鳃耙的数目和形状也是鱼类分类的重要依据之一；鳃弓的外侧是鳃丝，呈血红色，充满毛细血管，是交换氧气和二氧化碳的主要场所。

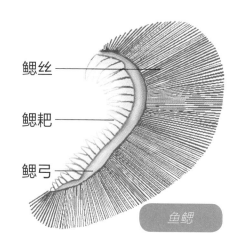

鱼鳃

鱼类的呼吸方式分为"泵法"和"引流法"两种：

一般底栖或游速慢的鱼类多半靠口部和鳃盖交替开合，让水流由口进入，经过鳃将水中的氧渗透入血管，血液中的二氧化碳渗出到水中，再由鳃孔排出，这种方法称为"泵法"。所以只要观察鱼鳃盖开合的次数就可以知道它的呼吸频率，如果太快则可能是因为水中缺氧、环境紧迫或遭受威胁。

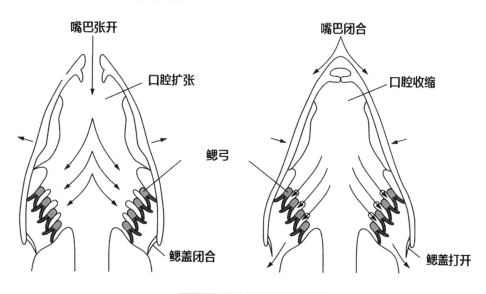

鱼"泵法"呼吸示意图

游速快的洄游性鱼类，如鲔、鲣、鲭等鱼类，则多半是在向前游泳时，张开口部使水流强制性或被动地不断经口部流入鳃部，再由鳃孔流出来达到呼吸的目的。它们的呼吸不是靠鳃腔肌肉的运动，而是靠身体游动来达成的，这种方式称"引流法"。这也意味着这些鱼类必须不停地游泳或维持一定的游速，以满足最基本的呼吸量。

软骨鱼类只用鳃呼吸，没有其他辅助呼吸器官，一些硬骨鱼类具有其他辅助呼吸器官，如皮肤、鳔、肠道等，可直接呼吸空气。这些鱼类大多数分布在热带或亚热带的淡水或沼泽，因为高温使水中溶氧量降低，所以演化出特殊的呼吸构造。

绝大多数鱼类繁殖方式都是卵生，也有少数鱼类是卵胎生，还有极少数的鱼类是胎生。绝大多数的硬骨鱼类都是以卵生为主，即由雌鱼产卵，在体外受精和孵化、成长。鱼类的卵通常分为沉底性卵、黏着性卵和浮性卵。产沉底性或黏着性鱼卵的鱼一般有各种不同的护卵或护幼的行为，如虾虎鱼在沙泥地上掘孔产卵等；而产浮性卵的鱼类通常没有护幼行为，且产卵数量多、直径小，如一只鳕鱼可产300万～900万颗的卵。毕竟，在弱肉强食的丛林法则中，以量取胜是部分鱼类的生存之道。

同时，在永无止境的生存竞赛中，鱼类也演化出了各种生存策略：

1.躲藏：遇到危险时，底栖的鱼类多半会迅速躲入礁洞、隙缝或潜入沙泥地中，当然，这是所有策略中最消极的一种。

躲藏 张燕宁 摄

2.共生：为了增加生存机会，许多生物会生活在一起，从而发展出共生关系。但要注意的是，共生关系不一定都是双方受益，互利共赢的称为"互利共生"，一方受益另一方不受影响的称为"偏利共生"。

3.伪装：伪装是最有用的生存策略之一。动物为了保护自己，在身体形状、颜色和行为上进行某种适应性的变化，比如石头鱼会躲在海底或岩礁下，将自己伪装成一块不起眼的石头，与周围的环境融为一体，不但可以用来躲避敌人，还可以制造主动攻击的机会。

4.用毒：击退敌人最有效的方法大概就是用毒了。有毒的鱼类可分为两大类：一类是鱼肉或内脏含有毒素；另一类是鳍棘基底具有毒腺，被刺伤就会引起中毒，称为"刺毒"。

5.分泌黏液：黏液也是鱼类自卫逃脱利器，大多数鱼类都有黏液。有些利用黏液帮助快速逃跑；有些用黏液把自身包裹起来减少体味的散发，躲避通过嗅觉捕食的掠食者；还有一些鱼类的黏液有毒，可以麻痹掠食者，借此逃脱。

6.群游：三尾以上的鱼共游才是"群游"。群游的成员可以是同一种鱼，也可以由不同种鱼混杂在一起。群游可以增加觅食机会，围捕猎物，闯入其他有强烈领域性行为的草食性鱼类地盘，捡食群里其他鱼漏下的食物。此外，成群的鱼对警戒信息较敏感，可以在较远的距离就察觉危险并迅速做出回应。有些鱼平时并不群游，在突然遭遇危险时会迅速集结成群。群游还可以减少鱼群中的个体在游泳时受到的水阻力，进而节省能量。此外，长距离洄游的鱼类还会形成洄游鱼群。

洄游是指鱼类有目的地由一处大量移往另一处，短则数十千米，长则数千千米。洄游也是一种周期性运动，随着鱼类生命周期各个环节的推移，每年重复进行，是许多鱼类生活史中极其重要的一环。洄游是长期以来鱼类对外界环境条件变化的适应结果，也是鱼类内部生理变化发展到一定程度对外界刺激的一种必然反应。通过洄游，更换生活水域，以满足不同生活时期的不同需求，完成生活史中各重要生命活动。

依据洄游的动力，可分为主动洄游和被动洄游；依洄游的方向，可分为水平洄游和垂直洄游；依洄游的目的，可分为生殖洄游、索饵洄游和越冬洄游。

　　生殖洄游是鱼类为了使卵及幼鱼有更佳的发育成长条件，由摄食区或过冬区移往产卵区的一种迁移；越冬洄游又称"适温洄游"，是鱼儿离开摄食区移往过冬区的迁徙活动；索饵洄游是鱼类由产卵区或过冬区移往摄食区，除了有水平方向外，也有鱼类做规律性的垂直方向上的洄游。

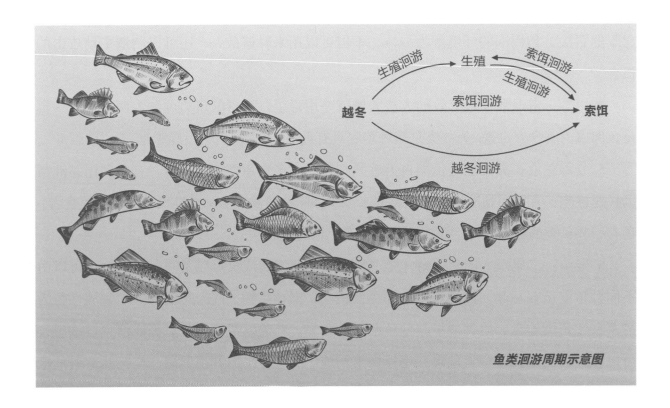

鱼类洄游周期示意图

长江流域
常见鱼类

翘嘴鲌 *Culter alburnus*

鲤形目 鲤科

物种概述

翘嘴鲌体长形，侧扁，背缘较平直，腹部在腹鳍基至肛门具腹棱，尾柄较长。头侧扁，头背平直，头长一般小于体高。吻钝，吻长大于眼径。口上位，口裂与体轴几乎垂直，下颌厚而上翘，突出于上颌之前，为身体的最前端。

翘嘴鲌多生活在水的中上层，以水中的鱼类为主要食物来源。游动迅速，见到水面漂浮的小昆虫便追上去捕食。在有风浪时，早晨和傍晚有阳光照射到水面时尤为活跃，而且是成群的"集体行动"。

姜盟 摄

鲫 *Carassius auratus*

鲤形目 鲤科

物种概述

张燕宁 摄

鲫身体侧扁，体较厚，腹部圆；头略短，吻钝圆；鳞片大；鱼体呈银灰、黄色或红色，背部颜色较深，腹部银白色，各鳍灰色；尾鳍浅叉形，体长一般 15 ~ 20 厘米。鲫生活于河川中下游水草较多的浅水域、溪流或静水水体，对环境适应力强。属杂食性，主要以水生植物为食，也可摄食软体动物、摇蚊幼虫、虾等。

鲤 *Cyprinus rubrofucus*

鲤形目 鲤科

物种概述

鲤体长，略侧扁；须2对；下咽齿呈臼齿形；背鳍基部较长，背鳍、臀鳍均具有粗壮的、带锯齿的硬刺。鲤多栖息于底质松软、水草丛生的水体，是一种以底栖动物为主食的杂食性鱼类。冬季游动迟缓，在深水底层越冬。一般于清明前后在河湾或湖泊水草丛生的地方繁殖，分批产卵，卵粘附于水草上发育。适应性强，耐寒、耐碱、耐缺氧，可在各种水域中生活，为广布性鱼类。个体大，生长较快，为淡水鱼中总产较高的一种。

鲤的养殖历史悠久，经过长期人工选择，已培育出许多养殖品种，如江西、浙江的红鲤均为优良品种。

姜盟 摄

高体鳑鲏 *Rhodeus ocellatus*　　　　鲤形目 鲤科

物种概述

　　高体鳑鲏体扁薄，呈卵圆形。口角无须。下咽齿细长，大部分个体齿面平滑，少数具真凹纹。侧线不完全，仅前面 3 ~ 6 片鳞具有侧线管。个体小。繁殖期在 4 月底 5 月初，产卵于蚌类的鳃瓣中。常见于湖泊、池塘以及河湾等多水草静水水体的浅水区。杂食性，主要以附着性藻类、浮游动物及水生昆虫等为食。主要分布于长江以南各水系。

姜盟 摄

棒花鱼 *Abbottina rivularis*　　　　鲤形目 鲤科

物种概述

　　棒花鱼体前部近圆筒形，后部稍侧扁，头后背部略隆起，腹部圆，无腹棱。吻较长，眼较小。棒花鱼为底层小型鱼类，栖息于江河岔湾和湖泊池沼中，喜生活在静水砂石底处。棒花鱼杂食性，主要摄食枝角类、桡足类和端足类等生物，也食水生昆虫、水蚯蚓及植物碎片。

张燕宁 摄

141

麦穗鱼 *Pseudorasbora parva*

鲤形目 鲤科

物种概述

　　麦穗鱼体延长，侧扁；腹部圆，头后背部稍隆起。头尖，较小，略平扁。吻短稍尖突。口小，上位，无须，眼较大。体被较大圆鳞。侧线完全，较平直。背鳍分支鳍条柔软，无硬刺，尾鳍分叉。体背侧灰黑色，腹侧银白色。

　　麦穗鱼为小型淡水鱼类，常生活于缓静较浅水区，为平地河川、湖泊及沟渠中常见的小型鱼类。小稚鱼以轮虫等为食，体长约25毫米时即改食枝角类、摇蚊幼虫及孑孓等。耐寒力及对水的酸碱度适应力很强。

张燕宁 摄

居涛 摄

黄颡鱼 *Pelteobagrus fulvidraco*

鲇形目 鲿科

物种概述

黄颡鱼俗称黄辣丁、昂刺鱼，体长 11 ~ 19 厘米，体重 30 ~ 100 克，身体修长，后部侧扁，身体腹部平直。头大，吻钝，口下位，唇厚；须 4 对，上颌须长，末端能超过胸鳍基部。体无鳞，会分泌黏液。胸鳍和背鳍硬刺长，有锯齿，有毒腺，被刺后立即感到强烈灼痛，会造成出血、局部肿胀，患处剧痛，甚至会引起眩晕呕吐。个体较小者，基色的黄色明显，整个体色较浅；个体越大，体色趋黑，黄色不明显。多栖息于缓流多水草的湖周浅水区和入湖河流处，营底栖生活，尤其喜欢生活在静水或缓流的浅滩处，且腐殖质多及淤泥多的地方。杂食性，自然条件下以动物性饲料为主，鱼苗阶段以浮游动物为食，成鱼则以昆虫及其幼虫、小鱼虾、螺蚌等为食，也吞食植物碎屑。

张正农 摄

河川沙塘鳢 *Odontobutis potamophilus*

鲈形目 沙塘鳢科

物种概述

河川沙塘鳢体延长，粗壮，前部亚圆筒形，后部侧扁；尾柄较高；头宽大，平扁，头宽大于头高。眼小，在头的前半部。体被栉鳞，腹部和胸鳍基部被圆鳞。背鳍2个，分离；胸鳍宽圆，扇形；腹鳍较短小，起点在胸鳍基底下方，左、右腹鳍相互靠近。头、体呈黑青色，体侧具3~4个宽而不整齐的鞍形黑色斑块，横跨背部至体侧。头侧及腹面有许多黑色斑块及点纹。

河川沙塘鳢是中国特有种，是淡水小型底层鱼类，生活于湖泊、江河和河沟的底层，喜栖息于泥沙、杂草和碎石相混杂的浅水区。河川沙塘鳢为肉食性鱼类，成鱼摄食沼虾、螺蛳、麦穗鱼、水生昆虫等，幼鱼摄食水蚯蚓、摇蚊幼虫、水生昆虫和甲壳类等。

子陵吻虾虎鱼 *Rhinogobius giurinus*　　　鲈形目 虾虎鱼科

物种概述

　　子陵吻虾虎鱼体延长，前部近圆筒形，后部稍侧扁；背缘浅弧形隆起，腹缘稍平直；尾柄颇长，其长大于体高。头宽大，眼大，口前位，体被中大栉鳞。背鳍2个，分离；腹鳍略短于胸鳍，长圆形；尾鳍长圆形，短于头长。

　　子陵吻虾虎鱼为淡水小型鱼类，栖息于江河中下游、湖泊、水库及池沼的沿岸浅滩，或者在小沟的石砾间，有时也栖息于河口。常在水底匍匐游动，伺机掠食，摄食小鱼、虾、水生昆虫、水生环节动物、浮游动物和藻类等，有同类残食现象。

张燕宁 摄

黄鳝 *Monopterus albus*

合鳃鱼目 合鳃鱼科

物种概述

姜盟 摄

　　黄鳝俗称鳝鱼、长鱼、罗鳝、无鳞公子等，体细长呈蛇形。体表无鳞，富黏液。体前部圆后部侧扁，尾尖细。头部膨大，长而圆，颊部隆起；口大，端位，吻短而扁平；上颌稍突出，唇颇发达。上下颌及口盖骨上都有细齿。眼甚小，隐于皮下，为一薄皮所覆盖。鳃裂在腹侧，左右鳃孔于腹面合而为一，呈倒"V"字形。鳃退化由口咽腔及肠代行呼吸，能直接自空气中呼吸。无胸鳍和腹鳍，背鳍和臀鳍退化仅留皮褶。侧线完全，沿体侧中央直走。体背为黄褐色，腹部颜色较淡，全身具不规则黑色斑点纹，体色常随栖居的环境而不同。黄鳝为凶猛肉食性鱼类，多在夜间出外摄食，能捕食各种小动物。在其个体发育中，具有雌雄性逆转的特性。广泛分布于长江流域的各干支流、湖泊、水库、池沼、沟渠和稻田。

食蚊鱼 *Gambusia affinis*

鳉形目 胎鳉科

物种概述

食蚊鱼体长形,略侧扁,背缘浅弧形,腹部圆凸。头短宽,吻短,眼大,口小。体被圆鳞,背鳍位于体中点之后,臀鳍位于背鳍前下方。

食蚊鱼为外来物种,原产于美国,属暖温性小型鱼类,生活于水库、湖泊、坝塘、沼泽、稻田、水渠、洼地等各类静水水体。集群游泳于水的表层,行动活泼、敏捷。以水生无脊椎动物为食,幼鱼主食轮虫、纤毛虫,成鱼摄食昆虫、枝角类、桡足类、小球藻,特别喜食蚊的幼虫孑孓。

张燕宁 摄

长江流域
明星鱼类

中华鲟 *Acipenser sinensis*　　　　　鲟形目 鲟科

保护级别　列入《国家重点保护野生动物名录》一级

物种概述

四川渔民有"千斤腊子，万斤象"的谚语，腊子即指中华鲟，其体型很大，"千斤"一点不夸张，有记录的最大个体约 680 千克，即 1360 斤。中华鲟一度分布于长江、珠江、闽江、钱塘江、黄河等大江河及河流汇入的黄海、东海、南海等大陆架。目前在黄河、钱塘江、闽江，珠江流域均已绝迹，仅存于长江。

中华鲟身体呈梭形，头大且呈长三角形，眼睛以前部分扁平成犁状，并向上翘。口在头的腹面，成一条横裂，能够自由伸缩。上下唇具有角质乳突。口前方并列着 4 根小须。眼睛很小，眼后有喷水孔。鳃耙 14 ~ 28 根，鳃孔大，鳃膜与颊部相连。头部皮肤布有梅花状的感觉器——陷器。

中华鲟没有鳞片，有 5 行大的菱形骨板，背部 1 行，体侧及腹侧各 2 行。头背部骨板光滑，背鳍前骨板一般为 12 ~ 14 块。幼体骨板之间的皮肤光滑，成体较粗糙。背鳍位置靠后，尾巴的上叶长、下叶短，形成一个歪形尾鳍。全身骨骼为软骨质。头部和身体背部青灰色或灰褐色，腹部灰白色，各鳍灰色。为肉食性鱼类，在长江中、上游江段生活的早期幼鱼以摇蚊幼虫、蜻蜓幼虫、蜉蝣幼虫及植物碎屑等为食，到了河口咸淡水域中的幼鱼则以虾类、蟹类及小鱼为食。

中华鲟是一种溯河洄游性鱼类，平时生活在东海、南海的沿海大陆架地带，在海中生长发育。当雄鱼长到 9—18 岁、体长为 170 厘米、体重 50 千克以上，雌鱼长到 14—26 岁可达到初次性成熟，这些性成熟的中华鲟在 7—8 月间由海洋进入江河繁殖。中华鲟进江水后，必须在江里滞留一年，于第二年 10 月到达位于上游的产卵场所。中华鲟从海洋进入江河的整个洄游和滞留期间，基本不摄食，其能量消耗和性腺发育所需的营养都依靠它在进入淡水前积累的大量脂肪等物质。因而在淡水中，愈接近成熟的个体，身体就愈消瘦。在这一年里，中华鲟并不是一直溯江而上，而是时游时停，有时在河道坑洼处潜伏几天不动。中华鲟在长江里要溯游 3000 多千米到达金沙江下段，在四川省宜宾市上游的 600 千米的江段里繁殖。10 月上旬至 11 月上旬，中华鲟集体繁殖产卵，卵受精后被江水冲散并粘附在江底的石头上，一星期后孵出幼鱼。幼鱼随江水漂游而下，第二年 7 月到达长江口，进入海洋生长发育，待长大后再回到它的出生地繁殖下一代。

湖北省长江生态保护基金会 摄

长吻鮠 *Leiocassis longirostris*

鲇形目 鲿科

物种概述

"长吻鮠"俗名鮰鱼、江团、肥鱼、肥沱，顾名思义，其吻部较长。

长吻鮠头部较尖，眼小，体表光滑无鳞，吻部肥厚且突出，还长有4对较短的须，1对在后鼻孔前缘，1对在上颌，2对在下颌，这4对须对长吻鮠生活有重要用处，是帮助它探索江底环境的"探测器"。长吻鮠身上还藏着"暗器"——它的胸鳍和背鳍上各演化出三根带有锯齿的硬刺，刺的基部有毒腺，被刺后即发生剧痛、灼热、出血、局部肿胀，需要较长时间才能恢复。

长吻鮠多在砂砾底质的流水中产卵。幼年时体色整体相对较暗且有大块黑斑；成体体色粉红，背部暗灰，有的个体近乎通体粉色。

长吻鮠栖息于江河的底层，喜欢在多石块的静水深流处生活；白天栖息于石缝内，夜晚外出觅食，以小鱼、虾、水生昆虫和甲壳类等为食。长吻鮠广泛分布于长江流域，但出于栖息地丧失及过度捕捞等原因，种群数量下降明显，大型个体尤其少见。近年情况好转，种群数量有所恢复，成为流域内常见鱼种。

李辰亮 摄

胭脂鱼 *Myxocyprinus asiaticus*

鲤形目 亚口鱼科

保护级别 列入《国家重点保护野生动物名录》二级

物种概述

胭脂鱼幼体是普通的黑褐色，长大后蜕变为艳丽的胭脂红色，有"亚洲美人鱼"之称。

胭脂鱼背鳍发达，一直延伸至臀鳍的后上方。幼时体高，背鳍高高隆起，使得身体呈山峰状，成年后身体则变长。体色也随生长发育而变化，幼鱼体侧有3条黑褐色横斑，稍大则体色灰褐并渲染有红紫色的彩晕；成鱼体色粉红或略带青紫色。胭脂鱼的幼、成鱼不仅形态不同，生态习性也不相同。鱼苗和幼鱼常喜群集于水流较缓的砾石之间，多在水体上层活动，游动缓慢；半长成的鱼则习惯于栖息在湖泊和江河的中下游，活动于

幼体 张燕宁 摄

成鱼 姜盟 摄

水体中下层，行动迟缓；成鱼多栖息在江河上游，活动于水体的中下层，行动矫健。主要以底栖无脊椎动物和水底泥渣中的有机物质为食，亦吃一些高等植物碎片和藻类。

每年2月中旬亲鱼均要逆流上溯，于3—4月到达江河上游急流石滩产卵。胭脂鱼的长江产卵场在金沙江、岷江、嘉陵江等地。亲鱼产卵后仍在产卵场附近逗留，直到秋后退水时期，才回归到干流深水处越冬。

铜鱼 *Coreius heterodon*

鲤形目 鲤科

物种概述

铜鱼成鱼体色类似黄铜的金属光泽而得名，是我国特有鱼类，主要分布在长江流域，又名假肥沱、金鳅、水密子、麻花鱼等。体前段圆筒状，后段侧扁。头锥形，吻尖，口狭小，下位，呈马蹄形。成体体色较为明亮，幼体体色较为黯淡。

铜鱼是喜流水性鱼类，栖居于水体下层。喜集群，夜间活跃，在深潭或深水河槽越冬。为杂食性鱼类，主要以淡水壳菜、河蚬及各种螺等为食，吞下猎物后由一对咽齿碾碎后吐壳吃肉，也食鱼卵、水生昆虫和植物碎屑等。过去，中华鲟产卵调查就是通过解剖产卵场下游野生铜鱼食道中的鱼卵进行监测。

铜鱼一般在 4—6 月的春夏之交，水温较高且水位上涨时在水流湍急的江段产卵，卵为漂流性。在长江流域，铜鱼产卵场分布于长江中上游以及汉江、湘江，但主要位于长江上游。目前，铜鱼资源量衰退明显，汉江及湘江的产卵场都已消失，长江上游的铜鱼产卵量也显著减少。

铜鱼的人工饲养繁殖已经取得成功，希望经过人们的不懈努力，这种闪烁着铜光的鱼儿能够在长江中繁衍壮大，重现往日的"光辉"。

姜盟 摄

暗纹东方鲀 *Takifugu obscurus*

鲀形目 鲀科

物种概述

姜盟 摄

暗纹东方鲀俗称"河豚"，体长一般 25 ~ 35 厘米。口小，上下颚各有两个牙齿，形似人牙；鼻孔位于鼻囊突起两侧，鼻囊突起不分叉；眼睛内陷半露眼球；鳃小不明显。体圆棱形，无鳞；体背侧灰褐色，散布白色小斑点，斑点呈条状或虫纹状；背鳍基部亦有一大黑斑；肚腹黄白色，背、腹均有小白刺。鳔卵圆形或椭圆形，具气囊，遇敌害时腹部膨胀，使整个身体呈球状，表皮小刺竖立。为偏肉食性的杂食性鱼类，以水生无脊椎动物为主，兼食浮游生物及植物叶片和丝状藻等。

刀鲚 *Coilia nasus*

物种概述

刀鲚俗称"刀鱼"，尾鳍小而成尖刀形，故而得名。体长一般18～25厘米，体极扁薄。上颌骨后伸至胸鳍基部。无侧线，纵列鳞71～83枚。胸腹部具棱鳞。胸鳍前6根鳍条游离呈丝状。臀鳍基部极长，与尾鳍基相连。为洄游性鱼类，春、夏季由海进入江河进行生殖洄游，卵粒具油球，受精后漂浮于水体上层孵化发育。幼鱼以浮游动物为食，肥育至秋后或翌年入海。成鱼食小鱼虾，分布于长江中下游及附属水体。

姜盟 摄

四大家鱼

一方水土养育一方人，靠山吃山靠水吃水。生活在长江两岸的人们，日常饮食都少不了鱼，鱼不仅营养丰富、味道鲜美，在传统节日春节时，家家户户年夜饭都要做上一道鱼，寓意着"年年有余"。

在我国主要的35种淡水养殖对象中，长江自然分布的有26种，其中青、草、鲢、鳙"四大家鱼"的品质被认为是我国所有水系中最优的。四大家鱼不仅个体大、生长快、产量高，而且这4种鱼活动的水层和食物不同，可以进行混养来提高单位产量。因而它们数量多、价格便宜，常出现在老百姓的餐桌上，水煮鱼、剁椒鱼头、熏鱼等都是传统且美味的佳肴。

除了四大家鱼外，黄颡鱼、中华倒刺鲃、岩原鲤、黑尾近红鲌等也在近二三十年里被开发为特种养殖种类，因此长江也被形象地誉为我国淡水渔业种质资源库。保护长江鱼类生物多样性，也是为淡水养殖业提供源源不断的优良种质资源，保证淡水养殖业的可持续发展。

青鱼 *Mylopharyngodon piceus*

鲤形目 鲤科

物种概述

青鱼是青鱼属的唯一物种。青鱼体型壮硕,背部青黑色,腹部灰白色,成年后全身黝黑,体表有较大的圆鳞,鳍为灰黑色,尾鳍凹形。青鱼通常栖息在水的中下层,生性不活泼。

其主要的食物来源为螺蛳、蚌、蚬、蛤等,偶尔也捕食虾和昆虫幼虫。青鱼为洄游性鱼类,在江河附属湖泊、水库中生长发育,冬季进入江河越冬,开春后上溯,并在溯流过程中性腺迅速发育至成熟,随后在江河干流产卵场繁殖,产卵后又进入湖库水体育肥。

姜盟 摄

草鱼 *Ctenopharyngodon idellus*

鲤形目 鲤科

物种概述

姜盟 摄

草鱼体长形,体长为体高的 3.4 ~ 4.0 倍,吻略钝,下咽齿 2 行,呈梳形。体呈茶黄色,腹部灰白色,体侧鳞片边缘灰黑色。为典型的草食性鱼类,栖息于平原地区的江河湖泊,一般喜居于水的中下层和近岸多水草区域。性活泼,游泳迅速,常成群觅食。

鲢 *Hypophthalmichthys molitrix*

鲤形目 鲤科

物种概述

鲢又叫白鲢、水鲢、跳鲢、鲢子等，体形侧扁、稍高，呈纺锤形，背部青灰色，两侧及腹部白色。头较大，约为体长的1/4，眼睛位置很低。鳞片细小，腹部正中角质棱自胸鳍下方直延达肛门。栖息于江河干流及附属水体的上层，属于典型的滤食性鱼类，以水中的浮游植物为主要食饵。

姜盟 摄

鳙 *Aristichthys nobilis*

鲤形目 鲤科

物种概述

姜盟 摄

鳙体形长而侧扁，体长为体高的2.7～3.7倍。头极大而圆胖，前部宽阔，头长大于体高，因而被称作"胖头鱼"。吻宽钝，眼位于头侧中轴之下方。体背侧灰黑而稍具金黄光泽，腹侧银白色。腹部在腹鳍之前较圆，腹鳍基后至肛门具腹棱。生活于江河干流、平缓的河湾、湖泊和水库的中上层，属于典型的滤食性鱼类，以水中的浮游动物为主要食饵。

第七章
长江动物
湿地飞羽

湿地是地球三大生态系统之一，湿地生态系统有着不可替代的生态系统服务功能，也是与人类生产生活联系最密切的生态系统，其丰富的自然资源为人类社会的发展提供必要的生产、生活资料。同时，湿地也是众多生物的栖息、繁殖地，对维持全球生物多样性具有重要意义。

长江自西向东流经我国三级地貌台阶和多个气候带，长江及其中下游湖泊湿地组成了独特的江–河复合型生态系统，生物多样性丰富，是全球生物多样性研究的热点区域之一。该区域同时也是东亚—澳大拉西亚迁徙通道上最重要的水鸟越冬地之一，每年冬季有超过百万只水鸟在此越冬。

湿地是生物多样性最丰富的生态系统之一，湿地的鸟类是湿地野生动物中最具代表性的类群。根据岛屿生物地理学理论，较大的湿地可能有更高的生物多样性。鸟类因其具有种类丰富、便于观察等特点，常被作为湿地健康状况的重要指示物种，灵敏和深刻地反映着湿地环境的变迁。据目前统计，我国有湿地水鸟 12 目 32 科 271 种，其中属国家重点保护的水鸟有 10 目 18 科 56 种，属国家保护的有益或者有重要经济、科学研究价值的水鸟有 10 目 25 科 195 种。在湿地，其中大部分鸟类是候鸟和旅鸟。在亚洲 57 种濒危鸟类中，中国湿地内就有 31 种，占 54%；全世界鹤类有 15 种，中国有记录的就有 9 种，占 60%；全世界雁鸭类有 166 种，中国湿地就有 50 种，占 30%。

鸟类对维持生态系统的平衡有着不可取代的作用，作为人类的朋友，为丰富人类精神生活、拓展人类的思想和智慧做出了巨大贡献。但随着人口的增长、城市化进程的不断加快，鸟类赖以生存的栖息地遭到破坏。经济建设与生态保护的矛盾日益突出，鸟类及其栖息地的保护刻不容缓。

鸟类的
基本特征

我们把属于动物界脊索动物门脊椎动物亚门鸟纲的动物统称为鸟类。鸟类是体表被覆羽毛，前肢特化为翼，身体温度恒定而且进行卵生繁殖的动物。

你能在图上找到我对应的位置嘛？

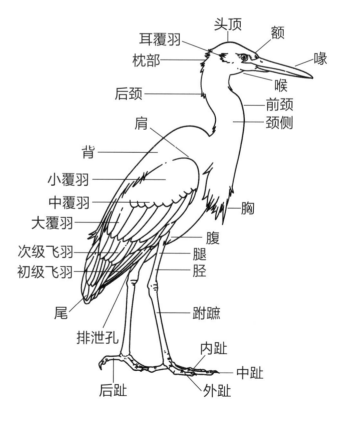

头顶
耳覆羽
额
枕部
喙
后颈
喉
前颈
颈侧
肩
背
小覆羽
中覆羽
大覆羽
胸
次级飞羽
腹
初级飞羽
腿
胫
尾
跗蹠
排泄孔
内趾
中趾
后趾
外趾

自然界物种繁多，各自之间的关系复杂。鸟类是所有动物中外形美丽、鸣叫悦耳、惹人喜爱、与人类关系十分密切的一类动物。鸟类是生态系统的重要成员，对其所捕食的昆虫和小型啮齿类动物有密切制约作用。此外，鸟类担负着种子及营养物的输送任务，参与系统内能量流动和无机物质循环，维持生态系统的稳定性。

鸟类具有很多适应飞行的身体特征，如鸟类新陈代谢旺盛，可以供应快速振翅起飞所需的运动能量。鸟的体温最高，有些种类能达到 43.5 ℃。鸟的骨骼坚实而且轻巧，没有多余的骨骼，骨骼长而中空，内部有很轻的支架来强化组织。会飞行的鸟类具有特化的龙骨突可以辅助较大的翅膀肌肉（即胸肌），并把翅膀肌肉紧密地连接在身上。

鸟的羽毛就像人类的毛发一样，没有神经和血管。但是鸟类羽毛具有高度的保温及绝缘功能，防止热量的过度散失。如同人类的头发或指甲，羽毛是一种"死的结构"。羽毛有一个生长的过程，但是在这个过程结束之后，它们就不能自我修复。因此，当羽毛破旧时，它们必须被新的羽毛完全替代。全部或部分更换羽毛的过程被称为换羽。除了提供一套新的健康羽毛外，换羽通常为鸟提供新的外观，可以显示鸟的年龄、性别、季节性的羽饰。不同的鸟类换羽的规律各不相同，有的鸟类每年一次完全换羽；有的在繁殖季节之前，完成一次完全换羽和一次局部换羽；还有一些鸟每年进行两次完全换羽。在换羽的间期，磨损和破损的羽毛不会更换，直到下一个换羽季节的到来，但是如果一只鸟因为意外失去了整根的羽毛，例如被天敌抓掉了尾羽，又或是与同类打架打掉了一些，那么缺失的羽毛会在两个月左右被新长出的羽毛替代，而不用等待下次换羽。

鸟类寻求配偶的方式，是所有动物中最多姿多彩的。鸟类利用声音和视觉讯号来吸引异性。这些讯号包括了展示艳丽的羽毛、彩色的脚爪，以及鼓胀的气囊等。此外，它们也会用有节奏的动作来求偶。

鸟类的脚和喙也会因为其生存栖息环境和所摄取的食物不同而不同。有适合抓握的脚，有适合爬树的脚，有适合攫取猎物却不方便走路的脚，还有脚趾很长的脚以及有蹼的脚。而鸟喙形态很多，有裂壳器般的喙，有又尖又长的喙，有带钩子的喙，有"镊子"般的喙等。

凤头鸊鷉求偶　郝夏宁　摄

勺嘴鹬的"勺子" 李云峰 摄

白鹭扭头 傅萌 摄

鸟类没有牙齿，有些鸟类常把沙砾吞入肌胃（又称砂囊），加强对食物的碾磨。

鸟类生活在一个由视觉和听觉支配的世界。大多数鸟儿的视觉系统已高度发达，而其他的感官（触觉、味觉和嗅觉）就显得很不灵敏。鸟类无法像大多数动物那样，大幅度地转动眼球。为了弥补这种缺点，鸟类的颈椎极富弹性，可以把头扭转到肩后，以便向后瞧。在具有长喙的鸟类中，喙尖往往也具有很灵敏的感觉接收器。当它们把长喙伸入水底的烂泥觅食时，可以触知或分辨出泥下埋着的究竟是什么东西。

动物出于寻找食物、交配等原因，常常会发生定向的长距离移动。比如鸟类的迁徙、鱼类的洄游、陆生动物的迁移。迁徙是鸟类随着季节变化进行的方向确定的、有规律的长距离迁居活动。这种有迁徙习性的鸟类称为候鸟。当然，并不是所有鸟类都有迁徙习性，我们将那些适应当地的气候条件、不发生迁徙的鸟称为留鸟。鸟类按居留类型可分为夏候鸟、冬候鸟、留鸟和旅鸟4类。夏候鸟指在春夏季飞到某一地区筑巢安家、生儿育女，幼鸟长大时，正值深秋，它们又陆续飞往南方较暖地区越冬，至次年春夏季又飞临这一地区繁殖，对该地区而言，这类鸟称夏候鸟。冬候鸟指冬季在某一地区越冬，次年春季飞往北方繁殖，幼鸟长大后，正值深秋，又飞临原地区越冬，对该地区而言，这类鸟称冬候鸟。旅鸟是指迁徙中途经某一地区，而不在该地区繁殖或越冬，仅迁徙季节可见，对该地区而言，这些鸟种即为旅鸟。鸟类的迁徙路径是指其往返于繁殖地和越冬地的区域。

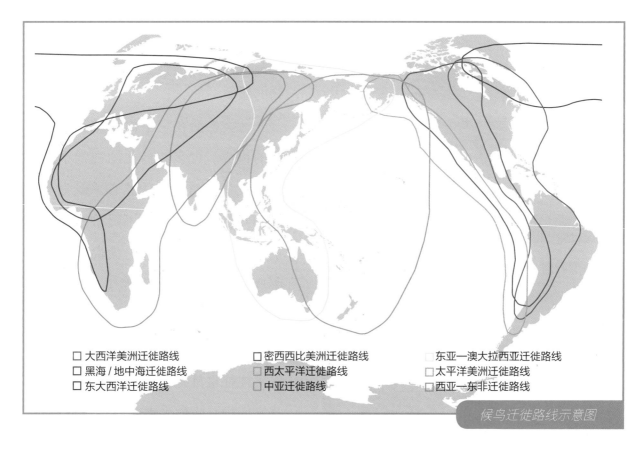

☐ 大西洋美洲迁徙路线　☐ 密西西比美洲迁徙路线　☐ 东亚—澳大拉西亚迁徙路线
☐ 黑海/地中海迁徙路线　☐ 西太平洋迁徙路线　☐ 太平洋美洲迁徙路线
☐ 东大西洋迁徙路线　☐ 中亚迁徙路线　☐ 西亚—东非迁徙路线

候鸟迁徙路线示意图

全球大致可划分出 9 条主要的鸟类迁徙路线，其中 3 条迁徙路线途径中国。需要特别澄清的是，在迁徙地图上我们看到的迁徙路线虽然呈环形，但并不意味着鸟类是沿着某一条路径进行迁飞的，而是指鸟类在这个区域内进行迁徙。

丹顶鹤和獐子　陈国远 摄

湿地，地球之肾

根据《国际湿地公约》定义，湿地是指不问其为天然或人工、长久或暂时的沼泽地、泥炭地或水域地带，带有静止或流动的淡水、半咸水或咸水水体，包括低潮时水深不超过 6 米的水域。

湿地是一类既不同于水体，又不同于陆地的特殊过渡类型生态系统，为水生、陆生生态系统界面相互延伸扩展的重叠空间区域。该系统的生产者是由湿生、沼生、浅水生植物组成，消费者是由湿生、沼生、浅水生动物组成，分解者是由介于水体与陆生生态系统之间的过渡类群组成的。该系统与周围相邻的系统有密切关系，与它们发生物质和能量交换。

湿地应该具有 3 个突出的特征：湿地地表长期或季节处在过湿或积水状态；地表生长有湿生、沼生、浅水生植物（包括部分喜湿的盐生植物），且具有较高的生产力，生活湿生、沼生、浅水生动物和适应该特殊环境的微生物群；发育水成或半水成土壤，并具有明显的潜育化过程。

许多学者将湿地亲切地称为"自然之肾"，以强调湿地对于地球生态系统的重要性。肾是动物体的重要器官之一，它是一种过滤器，担负着将动物血液中的废弃物排出体外

湿地　陈国远　摄

的特殊重任，是生物体不可缺少的组织。湿地可以吸收大量有害物质，在其丰富的微生物资源中分解、转换，起到为大自然解毒的功效。湿地的绿色植物通过其丰富的根系吸收水源中的氮、磷等污染物，使水源免受或少受富营养化的危害；沼泽湿地有出众的吸附能力，不仅能够吸收空气中的粉尘及携带的各种菌，从而起到净化空气的作用；还能吸附水中的重金属离子和有害成分，从而减少环境污染。正因为如此，人们称湿地为"地球之肾"、大自然的"解毒剂"。

　　湿地既是独特的自然资源，又是重要的生态系统，为人类社会的生存和可持续发展提供重要的生态服务功能：

1.湿地保障淡水安全。湿地具有强大的净水功能,像天然的过滤器,被誉为"地球之肾"。据第二次全国湿地资源调查,我国湿地维持着约2.7万亿立方米淡水,保存了全国96%的可利用淡水资源。湿地具有强大的调水功能,可调节在时空上分配不均的降水,减少水旱灾害发生。

2.湿地维护生物安全,保护生物多样性。湿地与森林、海洋并称全球三大生态系统,组成湿地生态系统的水、土壤和生物等要素之间,以及湿地生态系统与其他生态系统之间,存在着复杂的物质和能量循环,其复杂的地形地貌和多样的植物群落,为野生动物尤其是一些珍稀或濒危的野生动物提供了良好的栖息地,维护着自然界的生态平衡,发挥着多种生态功能。

3.湿地支持食物供给。我国是淡水养殖大国,总产量居世界首位,湿地为人们的生产、生活提供了大量的农产品、水产品和矿产品等多种多样的资源,包括木材、药材、肉蛋、鱼虾、牧草、水果、芦苇等等。

4.湿地利于防灾减灾。湿地既能储存水,又能释放水,是一个巨大的"海绵体"。每年汛期到来,湿地以其自身的庞大容积、深厚疏松的底层土壤(沉积物)蓄存雨洪。同时,湿地汛期蓄存的雨洪,汛后又能缓缓地排出多余水量。湿地以上述方式调节河川径流,蓄水保护土壤,协助抵御和减轻自然灾害。

5.湿地关乎气候变化。湿地的比热远远大于同样面积的干地,可以起到气温调节的作用。作为温室气体的储存库,湿地在缓解气候变化方面发挥着重要作用。

6.湿地具有丰富的文化功能。湿地以其良好的生态环境、优美的自然景观孕育了源远流长的湿地文化,见证并记录了人类文明的繁荣、延续和发展。

我国湿地资源极为丰富,根据2014年1月公布的第二次全国湿地资源调查最新结果,我国湿地总面积5360.26万公顷,占世界湿地面积的4%,位居亚洲第一位、世界第四位。拥有5类34型湿地,包括了《国际湿地公约》定义的所有湿地类型。而第三次全国国土调查及 2020 年度国土变更调查结果显示，全国湿地面积约 5635 万公顷，包括红树林地、森林沼泽、灌丛沼泽、沼泽草地、沿海滩涂、内陆滩涂、沼泽地、河流水面、湖泊水面、水库水面、坑塘水面（不含养殖水面）、沟渠、浅海水域等。在 10 年间，我国生态功能较强的林地、草地、湿地、河流水面、湖泊水面等地类合计净增加了超过 1700 万公顷。

长江湿地　张燕宁　摄

　　湿地是长江生态的重要组成部分。长江流域跨越我国东西三级地貌台阶和 4 个气候带，水系发达，各级支流约 7000 余条，流域面积在 1000 平方千米以上的河流有 437 条，在 1 万平方千米以上的河流有 49 条，8 万平方千米以上的河流有 8 条，雅砻江、岷江、嘉陵江和汉江的流域面积超过了 10 万平方千米。长江流域常年水面面积 1 平方千米及以上湖泊有 805 个，其中洞庭湖、鄱阳湖和太湖的水面面积达到了 1000 平方千米，它们也是长江水系的重要组成部分。

长江流域湿地类型众多：

1. 长江源及金沙江上游等高海拔地区，河流多为宽浅河谷，河岸边有大片高原沼泽湿地，如沱沱河、当曲和楚玛尔河等。

2. 滇北、黔西有许多高原湖泊，这些高原湖泊虽然流域面积不大，但是形成了大量的高原湖泊湿地，如洱海、纳帕海、滇池、泸沽湖等。

3. 长江中下游有大量湖泊湿地，湖泊面积占长江流域湖泊面积的 92%，我国五大淡水湖有 4 个位于该地区，而洞庭湖和鄱阳湖是长江仅存的通江湖泊，不仅具有巨大的洪水调蓄作用，而且都是国际重要湿地，形成了具有重要的生态服务功能的通江湖泊湿地。

4. 长江中下游两岸有大片受洪枯及汛期激流影响的洲滩湿地，这些湿地因纵伸不足，不能成为大型候鸟栖息地，但却是扬子鳄和江豚等生物重要的栖息地。

5. 长江口有潮间带及滨海湿地等，长江口湿地分布着丰富的湿地鸟类、底栖动物、鱼类和浮游生物等，是中华鲟、中华绒螯蟹等水生生物栖息地。

长江湿地
常见鸟类

白鹭 *Egretta garzetta*

鹈形目 鹭科

保护级别 列入《有重要生态、科学、社会价值的陆生野生动物名录》

物种概述

　　"两个黄鹂鸣翠柳，一行白鹭上青天。"大家熟悉的古代诗词里所咏唱的白鹭就是我们通常所称的小白鹭。白鹭为中型涉禽，体长 52 ～ 68 厘米，体重 330 ～ 540 克。雌雄同色。体型纤细，全身白色。白鹭夏羽枕部有两根双辫状细长饰羽，且背上蓑羽的先端均微向上卷曲，眼先裸皮粉红色。冬季饰羽及蓑羽脱落，仅个别前颈矛状饰羽还残留少许，冬季眼先裸皮黄绿色。白鹭虹膜黄色，嘴黑色，胫和跗蹠黑绿色，趾黄绿色，爪黑色。

　　白鹭经常出现在稻田、河岸、沙滩、泥滩及沿海小溪流等，部分于冬季会南迁。喜集群，常呈 3 ～ 5 只或 10 余只的小群活动于水边浅水处，夜晚飞回栖处时常呈 "V" 字队形。常一脚站立于水中，另一脚曲缩于腹下，头缩至背上呈 "S" 状，长时间呆立不动，或漫步走动。不时伸长颈部，昂头环顾四周，一有危险就立即飞走。白鹭繁殖期 3—7 月，集群营巢于高大的树上。窝卵 3 ~ 6 枚，卵橄榄型，灰蓝色或蓝绿色。雌雄亲鸟轮流孵卵并共同育雏，雏鸟晚成。觅食时，常脚探入水中搅动后捕食惊吓中之鱼。以各种小鱼、黄鳝、泥鳅、蛙、虾、水蛭、蜻蜓幼虫、蝼蛄、蟋蟀、蚂蚁、蛴螬、鞘翅目及鳞翅目幼虫等动物性食物为食，也吃少量谷物等植物性食物。

贺从佩 摄

夜鹭 *Nycticorax nycticorax*

鹈形目 鹭科

保护级别 列入《有重要生态、科学、社会价值的陆生野生动物名录》

物种概述

沈强 摄

　　夜鹭是一种中等体型的灰色鹭，体长 46 ~ 60 厘米。夜鹭额、头顶、枕、羽冠、后颈、肩和背绿黑色而具金属光泽；额基和眉纹白色，头枕部着生有 2 ~ 3 条长带状白色饰羽，下垂至背。

　　夜鹭常栖息和活动于平原，低山丘陵地区的溪流、水塘、江河、沼泽，水田地上附近的大树、竹林。白天常隐蔽在沼泽、灌丛或林间，晨昏和夜间活动。喜结群，常成小群于晨、昏和夜间活动，白天结群隐藏于密林中僻静处，或分散成小群栖息在僻静的山坡、水库或湖中小岛上的灌丛或高大树木的枝叶丛中，偶尔也见有单独活动和栖息的。繁殖期 4—7 月，集群营巢于高大的树上，窝卵 3 ~ 5 枚，卵椭圆形，蓝绿色，雌雄亲鸟共同孵卵，雏鸟晚成，出壳后由亲鸟共同抚育。主要以鱼、蛙、虾、水生昆虫等动物性食物为食。

普通鸬鹚 *Phalacrocorax carbo*

鹈形目 鸬鹚科

保护级别 列入《有重要生态、科学、社会价值的陆生野生动物名录》

物种概述

邹维明 摄

沈强 摄

普通鸬鹚是一种体型较大的水鸟，体长72～87厘米，雌雄差异不大。鸬鹚的羽色主要为黑色，带有紫色的金属光泽，夏季繁殖期，雄鸟头部和颈部会长出许多白色的丝状羽，腰之两侧各有一个三角形白斑。冬羽似夏羽，但头颈无白色丝状羽，两胁无白斑。普通鸬鹚飞时颈和脚均伸直。上嘴黑色，脚黑色，嘴强而长，锥状，先端具锐钩，嘴缘和下嘴灰白色。

普通鸬鹚主要栖息于宽阔的水域，如池塘、湖泊和海域等。飞行力很强，但除迁徙时期外，一般不离开水域。以各种鱼类为食，追捕时脑袋扎在水里追踪猎物，鸬鹚的翅膀可以帮助划水。繁殖期4—7月，巢筑在近水的岩岸或陡岩坎间，以柳枝、芨芨草及残羽等造成，呈浅杯形，大小不一。窝卵1～5枚，多为3枚。卵呈长卵形，色白而带有蓝色或淡绿色光泽。两性共同营巢，轮流孵卵。4月中旬开始产卵，孵28天左右出雏。双亲都参加抚育雏鸟工作。

173

黑水鸡 *Gallinula chloropus*

鹤形目 秧鸡科

保护级别 列入《有重要生态、科学、社会价值的陆生野生动物名录》

物种概述

阮跃 摄

  黑水鸡是特别常见的一种湿地鸟类，名字叫鸡，但它实际却与鹤类关系更近，是鹤形目秧鸡科水鸡属的鸟类，是一种中等体型的涉禽。雌雄形态相似，雌鸟稍小。体羽总体深灰黑色，头面部色调更深，背部及翅膀沾染烟褐色。嘴部前段黄色，中后段覆有从额部延伸而来的红色角质层，因为该特征又有"红骨顶"的别称。

  黑水鸡栖息于河道、湖泊、水库、水沟、鱼塘、稻田等多种水域生境，尤其喜欢周围植被较茂密的环境。由于脚趾长，因此在睡莲、芡实等浮水植物上行走自如。杂食性，食物包括水生昆虫、小鱼、小虾、软体动物及水生植物等，以植物为主。营巢于芦苇、香蒲等挺水植物的植株基部，亦会选择略高出水面的土墩，巢呈碗状，以茎叶作为巢材。每窝产卵 6～10 枚，雌雄共同孵卵，但雌鸟卧巢时间更长。孵化期 17—18 天，雏鸟身上绒羽干后即下水活动，时常跟随亲鸟并乞取食物。

黑鸢 *Milvus migrans*

鹰形目 鹰科

保护级别 列入《国家重点保护野生动物名录》二级

物种概述

黑鸢俗称老鹰，是一种中等体型的深褐色鹰，体长 54 ~ 66 厘米，雌雄同型。浅叉形尾为本种识别特征，飞行时尾张开可成平尾。喜开阔之地，常见于河流周边、沿海地区和海岛，在海拔 5000 米左右的高原地区亦可生存。飞行时气质平稳，常优雅盘旋或作缓慢振翅飞行，能很熟练地利用上升的热气流升入高空长时间地盘旋翱翔。主要以小鸟、鼠类、蛇、蛙、鱼、野兔、蜥蜴和昆虫等动物性食物为食，有时也会在垃圾堆找食腐物。黑鸢的繁殖期4—7月。营巢于高大树上，距地高 10 米以上，也营巢于悬岩峭壁上。巢呈浅盘状，主要由干树枝构成，结构较为松散，内垫以枯草、纸屑、破布、羽毛等柔软物。雌雄亲鸟共同营巢，通常雄鸟运送巢材，雌鸟留在巢上筑巢。雌雄亲鸟轮流孵卵。雏鸟晚成性，孵出后由雌雄亲鸟共同抚育。

万思成 摄

普通翠鸟 *Alcedo atthis*

佛法僧目 翠鸟科

保护级别 列入《有重要生态、科学、社会价值的陆生野生动物名录》

物种概述

普通翠鸟是一种体型较小的蓝绿色翠鸟，雌雄较相似。雄鸟前额、头顶、枕和后颈黑绿色，密被翠蓝色细窄横斑。雌鸟上体羽色较雄鸟稍淡，多蓝色，少绿色。头顶呈灰蓝色。胸、腹棕红色，但较雄鸟为淡，且胸无灰色。

严少华 摄

普通翠鸟栖息于有灌丛或疏林、水清澈而缓流的小河、溪涧、湖泊以及灌溉渠等水域。食物以小鱼为主，兼吃甲壳类和多种水生昆虫及其幼虫，也啄食小型蛙类和少量水生植物。翠鸟求偶时，雄鸟努力捉鱼喂给雌鸟（鱼头指向雌鸟方向，以方便雌鸟吞咽），雌鸟评估其养家能力后，以接受小鱼表示接受其求爱，繁殖期5—8月。在沙堤或泥崖挖掘隧道式洞穴，在其中产卵，喂养幼鸟。洞末端扩大成球状洞巢，巢穴内无任何内垫物，仅有些松软的沙土。1年繁殖1窝，雌雄亲鸟轮流孵卵。

徐行 摄

白鹡鸰 *Motacilla alba*

雀形目 鹡鸰科

保护级别 列入《有重要生态、科学、社会价值的陆生野生动物名录》

物种概述

白鹡鸰俗称白颤儿、白面鸟、点水雀等，是十分常见的一种鹡鸰。栖息于各种离水较近的生境中，如河流、湖泊、水库、水塘等水域岸边，也栖息于农田、湿草原、沼泽等湿地，有时还栖于水域附近的居民点和公园，常单独或成对活动。因其常常在水面飞行，时不时点一下水（捕捉水面的昆虫），故俗称"点水雀"。主要以昆虫为食，此外也吃蜘蛛等其他无脊椎动物，偶尔也吃植物种子、浆果等植物性食物。

白鹡鸰繁殖期为4—7月，求偶时雌雄十分活跃，鸣叫频繁，常可见在屋顶和高树上互相鸣叫着追逐。雌雄共同营巢育雏，巢址选择水流附近的石洞、树洞、墙洞中，以枯草、毛发等营碗状巢，内垫有羽毛等。巢做好即产卵，孵卵主要由雌鸟负责，雏鸟离巢后会跟随亲鸟学习一段时间，多在水边活动。

万思成 摄

长江湿地
明星鸟类

黑颈鹤 *Grus nigricollis*　　　　　　　　鹤形目　鹤科

保护级别　列入《国家重点保护野生动物名录》一级

物种概述

　　黑颈鹤属大型涉禽，是处于长江源头处的大型湿地鸟类。黑颈鹤名列中国 98 种特有鸟类中的第 26 号，属于国家一级保护动物，《濒危野生动植物种国际贸易公约》和国际鸟类红皮书把黑颈鹤定为全球亟需拯救的鸟类。作为大型涉禽，成年黑颈鹤身高可达 1.15 米，翼展可达 2 米，可谓身高腿长，优雅俊秀。黑颈鹤的额顶也有一片裸露的红色皮肤，神秘而醒目，繁殖期时尤为明显。与广为人知的丹顶鹤不同的是，黑颈鹤头颈的其他部分并不是白色，而是套了件兜头的黑色"脖套"，并因此而得名，也许这样的特征可以使它们在高原生活得更加从容，不畏寒冷。栖息于海拔 2500 ~ 5000 米的高原的沼泽地、湖泊及河滩地带。繁殖于西藏、青海、甘肃和四川北部一带，越冬于西藏南部、贵州、云南等地，是世界上唯一生长、繁殖在高原的鹤。

　　黑颈鹤越冬时集群较大，一般都有十几只至几百只在一起，长途飞行时多排成"一"字纵队或"V"字队形。刚飞到越冬地时黑颈鹤胆很小，特别警惕，一直要在空中盘旋，直到它们认为安全了才会慢慢降落下来。

　　越冬期间，早晨7点前后，它们就陆续飞到沼泽地或向阳的山坡地觅食，有时也到收割后的农田中刨食遗留的洋芋、青稞、荞麦、燕麦、萝卜以及草根等。它们刨食的时候很少用脚，而是用长嘴直接在松土中寻找。有时它们也会飞到牛群当中，啄食牛群粪便中的食物或寄生虫。

张燕宁 摄

丹顶鹤 *Grus japonensis*

鹤形目 鹤科

保护级别 列入《国家重点保护野生动物名录》一级

物种概述

丹顶鹤属大型涉禽，被称为仙鹤。栖息于开阔平原、沼泽、湖泊、海滩及近水滩涂。成对或结小群，迁徙时集大群。日行性，性机警，活动或休息时均有只鹤作"哨兵"。主要以浅水的鱼、虾、水生昆虫、软体动物、蝌蚪及水生植物的叶、茎、块根、球茎、果实等为食。丹顶鹤成鸟每年换羽两次，春季换成夏羽，秋季换成冬羽，属于完全换羽，换羽时会暂时失去飞行能力。 入秋后，丹顶鹤从东北繁殖地迁飞南方越冬。只有在日本北海道的丹顶鹤是当地的留鸟，不进行迁徙，这可能与冬季当地人有组织地投喂食物、食物来源充足有关。迁徙时，丹顶鹤总是成群结队迁飞，而且排成"人"字形，角度是110度。丹顶鹤属于单配制鸟，若无特殊情况伴侣关系可维持一生。它们在浅水处或有水湿地上营巢，巢材多是芦苇等禾本科植物。繁殖期求偶伴随舞蹈、鸣叫。每次产卵 1 ~ 2 枚，孵化期 30—33 天，2 岁性成熟，寿命可达 50—60 年。我国在扎龙、向海、盐城等地建立了一批自然保护区。在江苏省盐城自然保护区越冬的丹顶鹤每年多达 600 余只，成为世界上现知数量最多的越冬栖息地。

幼鸟 张燕宁 摄

张燕宁 摄

孙华金 摄

黑脸琵鹭 *Platalea minor*

鹈形目 鹮科

保护级别 列入《国家重点保护野生动物名录》一级

物种概述

郝夏宁 摄

　　黑脸琵鹭为体型略大的白色琵鹭，其扁平如汤匙状的长嘴，与中国乐器中的琵琶极为相似，因而得名。体长 60 ~ 78 厘米。通体白色，嘴基、额、脸、眼先、眼周，往下一直到喉全裸露无羽，黑色。嘴长而直，上下扁平，先端扩大成匙状，黑色，且和头前部黑色连为一体。

　　黑脸琵鹭栖息于内陆湖泊、水塘、河口、芦苇沼泽、水稻田、沿海及其岛屿和海边芦苇沼泽地带。它们喜欢群居，每群为三四只到十几只不等，常与大白鹭、小白鹭、苍鹭、白琵鹭、白鹮等涉禽混杂在一起。每年 10—11 月离开繁殖地前往越冬地。觅食的方法通常是用小铲子一样的长喙插进水中，半张着嘴，在浅水中一边涉水前进一边左右晃动头部扫荡，通过触觉捕捉到水底层的鱼、虾、蟹、软体动物、水生昆虫和水生植物等各种食物，捕到后就把长喙提出水面，将食物吞吃。

斑头雁 *Anser indicus*

雁形目 鸭科

保护级别 列入《有重要生态、科学、社会价值的陆生野生动物名录》

物种概述

斑头雁又名白头雁、黑纹头雁，全球种群数量约 52000 ~ 60000 只。斑头雁体型较大，体长 60 ~ 85 厘米，通体大都是灰褐色，后颈暗褐色，显著特征是头顶白色而头后有两道水平黑色带斑，故名斑头雁。雄鸟和雌鸟无法单纯地从体表特征分辨出来，雌性体型会比雄性稍小一点。斑头雁喜欢集群活动，在繁殖期和越冬期多集群行动，主要以水生植物的根茎、种子和水里软体动物等为食。

斑头雁是非常适应高原生活的鸟类，在迁徙过程中会飞越珠穆朗玛峰。斑头雁沿中亚至印度线路迁徙，面临着喜马拉雅山脉、帕米尔高原的重重阻隔。斑头雁是我国青藏高原重要的夏候鸟，主要在青海、西藏的沼泽及高原湖泊地区繁殖，是青海湖夏候鸟的优势种之一。

10 月，青藏高原上的斑头雁要南迁到低纬度、低海拔的印度、尼泊尔越冬，到次年的 3—5 月，它们开始从南部越冬地迁往北部和西北部繁殖地，飞越喜马拉雅山脉，抵达青海、西藏的沼泽和湖泊进行交配、繁殖，到达繁殖地的时间最早在 3 月末至 4 月初，最迟在 4 月中下旬。迁徙时多呈小群，通常 20 ~ 30 只排成"人"字形或"V"字形迁飞，边飞边高声鸣叫。斑头雁的整个迁徙路线跨越 8000 千米，飞行速度可达 80 千米每小时。令人难以置信的是，如果它们的飞行刚好处于顺风条件，时速可达到 160 千米，凭借风力的帮助，它们能一次完成超过 1600 千米的单向飞行。

张燕宁 摄

张燕宁 摄

小天鹅 *Cygnus columbianus*

雁形目 鸭科

保护级别 列入《国家重点保护野生动物名录》二级

物种概述

　　小天鹅为较高大的白色天鹅，全身洁白，嘴端黑色，嘴基黄色，嘴上黑斑大，黄斑小，黄斑仅限于嘴基两侧，鸣声清脆。雌雄同色，雌体略小，成鸟全身羽毛白色，仅头顶至枕部常略沾棕黄色。主要栖息在多芦苇、蒲草和其他水生植物的大型湖泊、水库、水塘与河湾等地方，也出现在湿草地和水淹平原、沼泽、海滩及河口地带，有时甚至出现在农田原野。8月末至9月初离开繁殖地前往越冬地，翌年3月中下旬从越冬地迁往繁殖地。通常成6～10只的小群或家族群迁徙。迁徙是逐步进行的，沿途常在富有食物的湖泊地区停息，有时甚至直到天变冷后才逐渐南迁，因此到达我国南部越冬地的时间多在11月初至11月中下旬。到达繁殖地的时间通常在5月末至6月初。主要在俄罗斯及其北部苔原进行繁殖，繁殖期6—7月。营巢于不同大小湖泊和水塘之间的多草苔原地上和苔原沼泽中的小土丘上。营巢由雌鸟单独承担，并有利用旧巢的习性，通常将上一年的旧巢稍加修整而成。每窝产卵2～5枚，卵为白色。雌鸟孵卵，雄鸟担任警戒。主要以水生植物的叶、根、茎和种子等为食，也吃少量螺类、软体动物、水生昆虫和其他小型水生动物。

严少华 摄

青头潜鸭 *Aythya baeri*

雁形目 鸭科

保护级别 列入《国家重点保护野生动物名录》一级

物种概述

严少华 摄

　　青头潜鸭为中等体型的近黑色潜鸭，体长 42 ~ 73 厘米，雌雄异色。雄性青头潜鸭的头颈部黑色，并具有绿色的金属光泽，上体黑褐色，胸深褐，腹部及两肋白色，胸部的褐色区域和腹部的白色区域截然分开，泾渭分明。雌性青头潜鸭头颈部黑色，胸部淡棕色。

　　青头潜鸭栖息在大的湖泊、江河、海湾、河口、水塘和沿海沼泽地带，不喜欢水流湍急的河流。常成对或成小群活动在水生植物丛中或附近水面上。秋季于 10 月中旬开始迁往南方，少数迟至 11 月初。秋季和冬季也集成数十只甚至近百只的大群，有时也与凤头潜鸭或其他潜鸭混群栖息。性胆怯，翅强而有力，飞行甚快，也能很快地在地上行走。善潜水和游泳，在水面起飞甚灵活。是一种以植物性食物为主的杂食性鸟类，它们的食物包括水草、杂草种子和一些软体动物。

中华秋沙鸭 *Mergus squamatus*

雁形目 鸭科

保护级别 列入《国家重点保护野生动物名录》一级

物种概述

中华秋沙鸭是一种体型较大的黑白色或灰白色鸭，体长 49 ~ 64 厘米。雌雄异色。雄鸟头、颈黑色泛绿色光泽，背部黑色，腹部及两胁具黑色鳞状斑，胸白色，枕后冠羽与喙等长，喙鲜红色。雌鸟头颈红棕色，背灰色具鳞状斑，腹部及两胁具黑色鳞状斑，胸白色，枕后冠羽较雄性短，喙红色。

中华秋沙鸭主要出没于林区内的湍急河流，有时在开阔湖泊潜水捕食鱼类。它们的身体具有很好的流线型结构，因此飞行速度要比其他鸭科动物迅速。成对或以家庭为群，常成 3 ~ 5 只小群活动。觅食多在缓流深水处，白天活动时间较长，捕到鱼后先衔出水面再进行吞食。主食鱼类、石蚕科的蛾及甲虫等。中华秋沙鸭是第三纪冰川期后残存下来的物种，距今已有 1000 多万年，为我国特有种。在中国广有越冬记录，但分布点零散，且多为小群或零星个体，很少在同一地见到 10 只以上的记录。

黄悦 摄

黄悦 摄

东方白鹳 *Ciconia boyciana*

鹳形目 鹳科

保护级别 列入《国家重点保护野生动物名录》一级

物种概述

东方白鹳为体型甚大的白色鹳，体长 119 ～ 128 厘米，体重 3950 ～ 4500 克。长而粗壮的嘴十分坚硬，呈黑色，仅基部缀有淡紫色或深红色。嘴的基部较厚，往尖端逐渐变细，并且略微向上翘。眼睛周围、眼线和喉部的裸露皮肤都是朱红色，眼睛内的虹膜为粉红色，外圈为黑色。身体上的羽毛主要为纯白色。翅膀宽而长，上面的大覆羽、初级覆羽、初级飞羽和次级飞羽均为黑色，并具有绿色或紫色的光泽。初级飞羽的基部为白色，内侧初级飞羽和次级飞羽除羽缘和羽尖外，均为银灰色，向内逐渐转为黑色。前颈的下部有呈披针形的长羽，在求偶炫耀的时候能竖直起来。腿脚甚长，为鲜红色。东方白鹳幼鸟和成鸟相似，但飞羽羽色较淡，呈褐色，金属光泽亦较弱。

东方白鹳主要栖息于开阔而偏僻的平原、草地和沼泽地带，特别是有稀疏树木生长的河流、湖泊、水塘，以及水渠岸边和沼泽地上。繁殖期4—6月，营巢于沼泽或水域周围的林地。常成对孤立地在柳树、榆树和杨树上营盘状巢。窝卵 4 ～ 6 枚，雌雄亲鸟共同孵卵。雏鸟晚成，由雌雄亲鸟共同抚育。在冬季和春季主要采食植物种子、叶、草根、苔藓和少量的鱼类；夏季以鱼类为主，也吃蛙、鼠、蛇、蜥蜴、蜗牛、软体动物、节肢动物、甲壳动物、环节动物、昆虫和幼虫，以及雏鸟等；秋季还捕食大量的蝗虫，此外平时也常吃一些沙砾和小石子来帮助消化食物。东方白鹳为国家一级保护动物，被世界自然保护联盟列入"濒危"物种。

严少华 摄

震旦鸦雀 *Paradoxornis heudei*

雀形目 鸦雀科

保护级别 列入《国家重点保护野生动物名录》二级

物种概述

震旦鸦雀是一种体型较大的鸦雀，体长约19厘米，上身紧凑而尾较长，占体长一半。雌雄外形无差异。头颈部为灰白色，眼圈白色，有细长的黑色眉纹，眉纹上侧棕色，嘴基处黑色。背部为棕色，有黑色纵纹，两肩栗红色，喙粗大且为黄色三角形，脚为粉色。

震旦鸦雀的栖息地为大片芦苇地，生性活泼，结小群活动。主要以各种昆虫为食，冬季也会吃浆果和植物种子，由于其很少离开芦苇丛生活，食源较为单一。生性警觉，活动时会不停地警戒并鸣叫，稍有风吹草动即整群逃离。繁殖期为4—7月，单独或成对活动，雌雄共同营巢育雏，用强有力的喙撕碎芦苇叶，用叶片纤维在三五根芦苇杆上编织出碗状窝。

万思成 摄

勺嘴鹬 *Calidris pygmaea*

保护级别 列入《国家重点保护野生动物名录》一级

物种概述

　　勺嘴鹬是一种小型的灰褐色鹬类，身长为 14 ～ 16 厘米。腿短，喙呈汤匙状，白色眉纹显著，背部和翼羽浅灰棕色，白色羽缘色淡且窄，下体为干净的白色，飞行时可见其翼上具显著的白色窄翼斑，尾羽中央具黑色竖斑。幼鸟颈部具棕褐色杂斑，背部和翼羽羽缘白色较成鸟更为显著。繁殖期时头胸部呈红棕色，胸部具黑色点斑形成的纵纹，上背部翼羽羽缘呈浅红棕色，羽轴斑黑色。虹膜深褐色近黑色，嘴黑色，脚黑色。

　　勺嘴鹬繁殖期主要栖息于北极海岸冻原沼泽、草地和湖泊、溪流、水塘等水域岸边。非繁殖期主要栖息于海岸与河口地区的浅滩，或海岸附近的水体边上，不深入到内陆水域。常单独活动于水边浅水处和松软的烂泥地上。勺嘴鹬主要以昆虫及其幼虫、甲壳类和其他小型无脊椎动物为食。觅食方式主要用嘴在水下或烂泥里左右来回扫动。有时也在地面直接啄食。勺嘴鹬繁殖于西伯利亚东北部海岸冻原地带，繁殖期 6—7 月。营巢于冻原沼泽、湖泊、水塘、溪流岸边和海岸苔原与草地上。尤其喜欢在淡水塘边的苔藓草地上营巢。巢甚简陋，主要由亲鸟在松软的苔原地上挖掘一圆形凹坑，内垫以苔藓、枯草和柳叶。每窝产卵 3 ～ 4 枚。

　　由国际鸟盟对其重要繁殖地——俄罗斯楚科奇半岛的调查显示，目前全球仅余不到 100 对。1970 年有近 2000 到 2800 对，2000 年数目下降至 1000 对，2005 年仅余下不足 400 对，每年的个体数目均急速减少。若整体情况没有改善，勺嘴鹬可能在未来数年踏上灭绝之路。数目急降的主因包括繁育生境及迁飞过程时中转站的破坏。

李云峰 摄

第八章

长江植物
绿色长江

植物是自然界重要的生命形态之一，其种类繁多、用途多样等的特点让植物在人类社会当中具有重要作用。

长江流域大部分处于亚热带季风气候区，气候温暖湿润，年平均降水量约为 1100 毫米。植被类型多样，主要属于亚热带常绿阔叶林区及青藏高原植被区的一部分。植被类型以常绿阔叶林为主，兼有湿地、草甸、高寒草原和亚热带山地植被垂直带的各种类型，植物种类丰富。其生物多样性资源是中华古文明起源、发展和繁荣的最重要物质基础之一。

生物多样性具有巨大的生态服务功能，其重要意义早已被人们熟知。然而，遗传多样性作为生物多样性的重要组成部分及物种多样性和生态系统多样性的重要基础，其实际和潜在价值尚未得到足够的认识和重视。在 20 世纪下半叶开始，随着人口增长、农业扩张、工业化和城镇化加速推进以及经济、社会持续发展，植物遗传资源面临着严重的威胁。

根据 2011 年中国科学院生态环境研究中心与世界自然基金会（WWF）的调研数据，长江流域内有高等植物 1.4 万余种，其中重要保护植物 574 种。主要分布于：1. 长江上游的金沙江、岷江上游、嘉陵江上游、汉江上游、洞庭湖"四水"及鄱阳湖"五河"上游地区；2. 长江中游的秦岭地区及巴山、武陵山系；3. 下游的皖南与浙闽山地。

调研显示，长江流域稀有濒危植物在海拔 2000 米以下分布的种类占多数，这明显与人类活动范围密切相关，说明人类影响是植物受威胁的主要因素，经济发展与生物多样性保护的协调和谐是长江流域亟待解决的课题。

长江流域是中华文明的重要发源地之一，也是全球第一个最大的、独立的世界农业发源地和栽培植物起源地，是世界八大作物起源中心之一。长江流域的植物资源特别是作物遗传资源是长江流域甚至全国农业可持续发展的命脉，未来对其的保护和可持续利用是长江大保护的主要任务之一。

植物的
基本结构

植物是由根、茎、叶、花、果实和种子六大器官组成，其中根、茎、叶是植物的营养器官，花、果实、种子是植物的繁殖器官。

延胡索　严玮岑 摄

根

根是植株吸收土壤中水分和营养物质的器官，还能够起到固定植株和储存有机质的功能，分为定根和不定根。

种子萌发后首先出现的器官是胚根，裸子植物和双子叶植物的胚根日后发育成主根，当主根生长到一定程度后，便会在主根上新长出一部分根，这部分根称为侧根。侧根再生根，以此类推，便形成了我们常见的主根根系。单子叶植物则具有须根根系，并没有明显的主根，而是一簇须状的直径大约相等的根。它们都有一定的发生位置，所以称为定根。

我们也会见到有些植物可以从茎、叶上产生根，这种不是由根部产生、位置也不固定的根，统称为不定根。比如多肉可以用叶进行繁殖，叶上长出来的根就是不定根。不定根的这一特点多用于农林园艺生产当中。

很多植物的根由于生态环境的不同，在长期发展过程中，其形态与功能发生了变化，产生了各种变态根：贮藏根用于贮藏养料，供植物来年生长发育使用，如萝卜和红薯的肉质根；气生根露出地面，生长在空气中，比如玉米、高粱的支持根，常春藤的攀援根；呼吸根常见于生长在沿海或沼泽地带的植物，它们的根从腐泥中向上生长，暴露在空气中，起气体交换的作用，如红树林里的红树的呼吸根；寄生根寄生于其他植物体上，利用根上的吸器掠夺寄主的营养，比如会产生绞杀现象的绞杀榕的根。

茎

茎是根和叶之间起输导和支持作用的重要营养器官。根据茎的质地，可将植物分为木本植物和草本植物。根据茎的生长习性，茎可分为5种类型：直立茎、缠绕茎、攀援茎、匍匐茎和平卧茎。

叶

　　叶是植株进行光合作用和呼吸作用的器官。植物的叶一般由叶片、叶柄和托叶三部分组成，这种叶称为完全叶；只有叶片和叶柄的叶称为不完全叶。观察一片叶，我们往往会看叶形、叶尖、叶基、叶缘、叶裂和叶脉的形态，叶是单叶还是复叶，以及叶在茎上的着生方式。

　　叶也有一些变态形式：叶刺由叶或托叶变态形成刺形，比如刺槐的刺就是由托叶变态而成；鳞叶是退化为鳞片状或功能特化的叶，比如洋葱和百合鳞茎盘周围着生的肉质鳞片；苞叶是生在花序轴或花下的叶，比如珙桐的苞片；叶状柄是由叶柄扁化形成的叶，比如台湾相思树叶状柄；叶卷须是由叶的一部分变成卷须状，有攀援作用，如豌豆的卷须；捕虫叶是可以捕食小虫的叶，比如猪笼草的瓶装叶。

捕虫叶 蔡润执 摄

花

花是被子植物的有性繁殖器官，主要由花萼、花冠、花丝、花药、雄蕊和雌蕊组成。雄蕊中会产生花粉，雌蕊的柱头接受到花粉后，完成授粉过程，这是植物繁衍后代的重要途径。

不同植物开花的季节各不相同，在同一季节里开花的植物，在全天开放的时间也不同。18世纪瑞典植物学家林奈利用这种有趣的规律把对应钟点开放的花种植在钟面形的花坛里，由此设计出了经典的"花钟"。林奈的钟是这样有趣，以至于很多植物园都想利用这种"钟"的规律来布置花坛。不过"花钟"虽然很有趣，但是因为植物开花还受到地区、温差和气候等条件的影响，"报告"时间可能有误差，成功率并不高。

果实和种子

果实是被子植物花朵经过传粉授精后发育形成的器官，种子是裸子植物和被子植物特有的繁殖体。果实的类型多样，也是植物识别的一大重要特征。果实由果皮和种子两部分构成，区分被子植物和裸子植物的关键就是看种子是否裸露、有无果皮包被。

秤锤树的花和果实　张燕宁　摄

长江流域
常见植物

苎麻 *Boehmeria nivea*　　　　　　　　　荨麻目 荨麻科

物种概述

苎麻为多年生草本植物。茎上部与叶柄均密被长硬毛和糙毛。叶互生，叶片草质，通常圆卵形或宽卵形，少数卵形，顶端骤尖，基部近截形或宽楔形，上面稍粗糙，下面密被雪白色毡毛。果期菱状倒披针形，瘦果近球形。花期8—10月。

科普链接

苎麻的茎皮纤维细长，强韧洁白，有光泽，拉力强，耐水湿，富弹力和绝缘性，可织成夏布、飞机的翼布、橡胶工业的衬布、电线包被、白热灯纱、渔网，也可制人造丝、人造棉等，与羊毛、棉花混纺可制高级衣料；短纤维可为高级纸张、火药等的原料，又可织地毯、麻袋等。长江流域是苎麻的主要产区。

董丽娜 摄

　　麻类衣织品的使用历史源远流长。1988 年，湖南省澧县彭头山遗址中出土 6000 多年前的粗麻编织物；1972 年，我国考古工作者对湖南省长沙马王堆一号汉墓进行科学发掘，出土的服饰素纱褝衣（重量仅 49 克），其领、袖部分均为苎麻织物，距今已有 2700 年的历史。苎麻布又名夏布，轻若蝉翼，薄若宣纸，平若水镜，细若罗绢，既是历代皇室和达官贵族喜爱的珍品，又是寻常百姓家的日常用品。

栀子 *Gardenia jasminoides*

茜草目 茜草科

物种概述

栀子是常绿灌木，嫩枝常被短毛，枝圆柱形，灰色。叶对生，多为革质，叶形多样，两面常无毛，上面亮绿，下面色较暗。花芳香，通常单朵生于枝顶；果卵形、近球形、椭圆形或长圆形，黄色或橙红色；种子多数近圆形而稍有棱角。花期3—7月，果期5月至翌年2月。

科普链接

栀子是一种天然的植物染料，可生物降解且无毒无害。从栀子成熟果实可提取栀子黄色素，在民间作染料应用，可用作天然着色剂原料，又是一种品质优良的天然食品色素，广泛应用于糕点、糖果、饮料等食品的着色上。

我国用植物作染料的历史由来已久，古人将用植物染料的方法称为"草木染"。《汉官仪》记载："染园出栀、茜，供染御服。"由此可以看出，汉朝皇帝的衣服就是用栀子、茜草进行染色的。大自然就是一个天然的染料库，盐肤木（染黑色）、红花（染红色）、槐花（染黄色）、紫草（染紫色）、菘蓝（染靛蓝色）等植物都可用于染色。

董丽娜 摄

青檀 *Pteroceltis tatarinowii*　　　　　　　　荨麻目 榆科

物种概述

青檀是落叶乔木，高达 20 米或以上，胸径达 70 厘米或以上；树皮灰色或深灰色，以不规则的长片状剥落；叶纸质，边缘有不整齐的锯齿，叶面绿，叶背淡绿。翅果状坚果近圆形或近四方形，黄绿色或黄褐色。

青檀是中国特有的单种属植物。

秦亚龙 摄

科普链接

宣纸，"始于唐代、产于泾县"，因唐代泾县隶属宣州府管辖，故因地得名，迄今已有 1500 余年历史。其质地绵韧、光洁如玉、宜书宜画、不腐不蠹，中国历史上的文书典籍、讲道经文、书画珍品，大多赖此千古传存。青檀树皮纤维为制宣纸的主要原料，宣纸是选用 2—4 年生青檀枝皮，辅以沙田稻草，经过 18 道工序生产加工而成，被誉为"纸中之王""千年寿纸"。

杉木 *Cunninghamia lanceolata*

松杉目 杉科

物种概述

杉木是常绿大乔木，高达 30 米，胸径可达 2.5 ~ 3 米，树皮灰褐色，裂成长条片。幼树尖塔形，大树圆锥形；叶披针形或窄披针形，常呈镰状，革质、竖硬；球果卵圆形，熟时苞鳞革质，棕黄色；种子扁平，具种鳞，长卵形或矩圆形，暗褐色，两侧边缘有窄翅。花期 4 月，球果 10 月下旬成熟。

科普链接

长江中下游地区湖泊众多，水网密布，"隔河千里远，出门便用船"，船成了水乡人家生产生活中必不可少的交通工具。杉木、松木、柏木、榆木、樟木、槐木多被选用于船舶建设。杉木为我国长江流域、秦岭以南地区栽培最广、生长快、经济价值较高的速生用材树种。材质结实有韧性、轻软细致且耐腐蚀，所造之船吃水浅、浮力大，能载重，轻巧灵敏而且坚固耐用，是极佳的造船用材。在 2008 年，以老龄杉木为主要原料的竹泓木船的制作工艺成功被列为国家级非物质文化遗产名录。

秦亚龙 摄

稻 *Oryza sativa*

禾本目 禾本科

保护级别 野生稻列入《国家重点保护野生植物名录》二级

张燕宁 摄

物种概述

稻是一年生水生草本植物。秆直立；叶鞘松弛，无毛；叶舌披针形，两侧基部下延长成叶鞘边缘，具2枚镰形抱茎的叶耳；叶片线状披针形，无毛，粗糙；圆锥花序，成熟期向下弯垂；颖极小，仅在小穗柄先端留下半月形的痕迹，锥刺状；遍布细毛，端毛较密，有芒或无芒；其果实为颖果。

科普链接

水稻、玉米和小麦是世界三大主粮，是我国乃至世界上广泛种植的重要谷物，关乎亿万人民的温饱与生计问题。水稻最初的驯化可能是在长江中下游地区。据考古研究发现，早在距今1万多年前，浙江浦江县上山遗址的先民们利用各种工具将野生稻驯化为栽培稻，水稻成为农作物的历史便由此开始。我国南方为主要产稻区，北方各省也均有栽种。

长江流域
重点植物

水母雪兔子 *Saussurea medusa*　　　　　　　　　　　　桔梗目 菊科

保护级别　列入《国家重点保护野生植物名录》二级

物种概述

水母雪兔子为多年生草本植物，生于海拔 3000～5600 米的多砾石山坡、高山流石滩。根状茎细长，有黑褐色残存的叶柄，有分枝，上部发出数个莲座状叶丛。茎直立，密被白色绵毛。叶密集，下部叶倒卵形，扇形、圆形或长圆形至菱形，顶端钝或圆形；上部叶渐小，向下反折；全部叶两面同色，被稠密或稀疏的白色长棉毛。小花蓝紫色。瘦果纺锤形，浅褐色。花果期 7—9 月。

科普链接

　　雪兔子是菊科风毛菊属约 26 种植物的统称，它们大都长得圆溜溜、毛茸茸，这是它们为适应高山流石坡环境而发展出的特征。未开花时的雪兔子，植株往往低矮，仅有几厘米高，浑身上下布满绵毛，这种结构严重影响了光合作用，使得它们生长缓慢，一株雪兔子需要积累数年的营养才能够开花结果。而大部分雪兔子一生只能开一次花，在开花结果后，整个植株就将宣告死亡。

　　雪兔子中，最具代表性的是水母雪兔子。春季雪融后，当年要开花的水母雪兔子将长出一系列毛茸茸的叶，到 7 月中下旬，水母雪兔子植株中央开始长出紫色苞叶，苞叶中央将开出数十朵蓝色小花。这时的水母雪兔子将长到 10 厘米甚至更高，整体看上去就像是一只浮游的紫色水母。

郝梓添 摄

鹅掌楸 *Liriodendron chinense*

毛茛目 木兰科

保护级别 列入《国家重点保护野生植物名录》二级

物种概述

鹅掌楸为落叶大乔木，生于海拔 900 ~ 1000 米的山地林中。高达 40 米，胸径 1 米以上，小枝灰色或灰褐色。叶马褂状，花杯状，聚合果。花期 5 月，果期 9—10 月。鹅掌楸是异花受粉种类，但有孤生殖现象，故发芽率低，是濒危树种之一。

科普链接

鹅掌楸又名马褂木、中国的郁金香树，因为鹅掌楸属植物的叶形形似中国古代的长袍马褂，其花开时如绽放了一树的郁金香。其树干笔直，树冠伞形，叶形奇特，古朴雅致，与银杏、梧桐、七叶树、椴树并称"世界园林五大行道树"。鹅掌楸仅在我国发现有野生群落，是我国特有树种之一，主要分布于长江流域以南地区，但近年来屡遭砍伐，已逐渐稀少。

世界上现存的自然生长的鹅掌楸属植物仅有鹅掌楸和北美鹅掌楸两种，现在我们看到的广泛栽植的鹅掌楸是 1963 年南京林业大学的叶培忠老先生对北美鹅掌楸（父本）和鹅掌楸（母本）进行人工杂交授粉育出的杂交鹅掌楸。

秦亚龙 摄

谭飞 摄

北美鹅掌楸　张燕宁　摄

红豆杉 *Taxus wallichiana var. chinensis*

红豆杉目 红豆杉科

保护级别 列入《国家重点保护野生植物名录》一级

物种概述

红豆杉为常绿乔木，常生于海拔 1000 ~ 1200 米以上的高山上部。高达 30 米，胸径达 60 ~ 100 厘米；树皮灰褐色、红褐色或暗褐色，裂成条片脱落。大枝开展，一年生枝绿色或淡黄绿色，秋季变成绿黄色或淡红褐色，二三年生枝黄褐色、淡红褐色或灰褐色；冬芽黄褐色、淡褐色或红褐色，有光泽。叶排列成两列，条形，微弯或较直，上部微渐窄，先端常微急尖、稀急尖或渐尖，上面深绿色，有光泽，下面淡黄绿色。雄球花淡黄色。种子常呈卵圆形，上部渐窄。

红豆杉为我国特有树种，为雌雄异株和异花授粉植物，自然状态下传粉常受阻，种子产生数量少。种子有休眠期，自然状态下需经两冬才可萌发。生长缓慢，成活率很低，种群更新力弱。

科普链接

民间和传统中医药对红豆杉属植物的利用有悠久的历史，一般称之为"紫杉"。最早记载于《本草纲目》，可用于治疗霍乱、伤寒等症。《本草推陈》中也记载有"紫杉可入药，利尿、痛经、治肾病，用皮易呕吐，木部及叶不吐"。

红豆杉属植物也是优良的材用树种，因其纹理直，结构细，坚实耐用，干后少开裂，可供建筑、车辆、家具、器具、农具及文具等用材。随着红木家具、雕刻的兴起，遇水不腐的红豆杉资源木材十分紧俏。

谭飞 摄

珙桐 *Davidia involucrata*

山茱萸目 蓝果树科

保护级别 列入《国家重点保护野生植物名录》一级

物种概述

珙桐是落叶乔木，高 15 ~ 20 米；树皮深灰色或深褐色，常裂成不规则的薄片而脱落。幼枝圆柱形，当年生枝紫绿色，无毛，多年生枝深褐色或深灰色；冬芽锥形，叶纸质，互生，常密集于幼枝顶端，阔卵形或近圆形，顶端急尖或短急尖，具微弯曲的尖头，基部心脏形或深心脏形，上面亮绿色。果实为长卵圆形核果，紫绿色具黄色斑点。

珙桐是中国特有的单种属植物。

科普链接

珙桐的名字很多，如中国鸽子树、手帕树，四川当地人称其为水梨子。

珙桐是第三纪古热带植物区系中的孑遗植物，世界著名的植物"活化石"。上新世珙桐种群也曾广泛分布于东亚，但第四纪冰期导致其发生了大规模的灭绝，仅在中国的西南与中部存留下来，被誉为植物界的大熊猫。

珙桐对生长环境要求苛刻，其原生境多为温凉、湿润、多雨、多雾的山地环境。珙桐种子败育严重、休眠程度深，加之种子萌发困难及幼苗生长对环境要求高，种群内幼苗、幼树死亡率较高。目前，中国除云南省袁家湾珙桐市级自然保护区（专门的珙桐保护区）外，还建立了 3 个迁地保育中心，分别是河南鸡公山国家级自然保护区的李家寨试验区、湖北省五峰后河林场、浙江省临安天目山林业科学研究所，迁地保育繁殖珙桐成活率达 80% 以上，生长良好。国内多家科研单位及植物园对珙桐进行了引种及保育工作。

谭飞 摄

水杉 *Metasequoia glyptostroboides*　　松杉目 柏科

保护级别　列入《国家重点保护野生植物名录》一级

物种概述

水杉为落叶乔木，高达 35 米，胸径达 2.5 米；树干基部常膨大；树皮灰色、灰褐色或暗灰色，幼树裂成薄片脱落，大树裂成长条状脱落；幼树树冠尖塔形，老树树冠广圆形，枝叶稀疏；一年生枝光滑无毛，幼时绿色，后渐变成淡褐色，二三年生枝淡褐灰色或褐灰色；侧生小枝排成羽状冬季凋落，主枝上的冬芽卵圆形或椭圆形。叶条形，上面淡绿色，下面色较淡，在侧生小枝上列成二列，羽状，冬季与枝一同脱落。球果下垂，成熟前绿色，熟时深褐色。种子扁平，周围有翅。

水杉为我国特产植物。

科普链接

水杉是一种古老的植物，约在 1 亿多年前的白垩纪，其祖先类型已在北极圈附近诞生。最早的水杉化石发现于距今 1.2 亿—1.4 亿年，当时全球气候炎热潮湿，海侵广泛，陆地范围缩小。北极地区的周边是暖海，境内气候温暖湿润，森林植物繁盛，自然生态环境良好。受地质构造和气候变迁的影响，水杉在新生代中期逐渐向南迁移，从已发现的化石来看，几乎遍布整个北半球，可以说是繁盛一时。至第四纪更新世时期，北半球气候变得十分寒冷，冰川多次降临。受低温寒害的影响，西伯利亚和东亚广大地区分布的水杉类植物在 100 万年前逐渐衰亡，但在中国却有少数零星分布于四川、湖北、湖南交界一带山沟里，生长在无冰之处躲过了这场浩劫，成为旷世奇珍。

植物学家曾经一度认为水杉在地球上已经绝迹，直到 1946 年我国科研人员在四川采集到水杉标本。水杉的发现被认为是中国现代植物学的重要成就之一，它对于古植物、古气候、古地理和地质学，以及植物形态学、分类学和裸子植物系统发育的研究均有重要意义，为中国植物学走向世界开辟了道路。为了向全世界介绍中国这一珍奇树种的重大发现，在胡先骕先生的主持下，1947年开始，曾经像大熊猫一样世界罕见的珍稀植物水杉，先后被引种到世界各地，全球范围内约有80个国家引种栽培。水杉因喜光、速生，对环境条件的适应性较强，成为广受欢迎的绿化树种之一，全世界的所有植株都来自中国，中国也一度被称为"世界园林之母"，胡先骕也因此成为"现代水杉之父"。

秦亚龙 摄

木棉 *Bombax ceiba*

锦葵目 木棉科

物种概述

　　木棉为落叶大乔木，生于海拔 1400 ～ 1700 米以下的干热河谷及稀树草原，也可生长在沟谷季雨林内。高可达 25 米，树皮灰白色，幼树的树干通常有圆锥状的粗刺，分枝平展。掌状复叶，全缘，两面均无毛。花单生枝顶叶腋，通常红色，有时橙红色，花瓣肉质，倒卵状长圆形。蒴果长圆形，密被灰白色长柔毛和星状柔毛。种子多数倒卵形，光滑。花期 3—4 月，果夏季成熟。

科普链接

　　木棉花大而美，树姿巍峨，是著名的木本花卉，开花时一树火红，非常容易识别，可植为园庭观赏树、行道树。

　　木棉的果实形如小瓜，有坚硬的木质外壳。果实开裂后，内部的绵毛也会像杨絮一样飘飞，好在南方空气湿润，一般不会造成太大的困扰。果实里的绵毛是木棉得名的原因，但这纤维太短，不能像棉花那样用于纺织，只能用来填塞枕头、褥子、救生衣等。其实"木棉"这个词最早指棉花。棉花在宋朝开始普及，替代了当时主要的高端纺织原料蚕丝。

李梅 摄

水中八仙

　　一方水土养一方人，生活在长江下游的人们，他们依水而居，也有了发掘于水边的美食。这些生长在河湖湿地的水生植物，因味道清鲜，色泽清丽，个个有如仙人之姿，被奉为"水中八仙"，也称"水中八鲜"。江南有民谣："春吃荸荠夏食藕，秋末茨菰冬水芹，三到十月茭白鲜，水生四季有蔬菜。"水八仙，即马蹄（荸荠）、莲藕（莲）、慈姑（华夏慈姑）、莼菜、水芹、茭白（菰）、菱角（欧菱）、鸡头米（芡）。

马蹄（荸荠）*Eleocharis dulcis*

禾本目　莎草科

　　马蹄，学名荸荠。

　　荸荠别名极多，凫茈、凫茨、荸脐、地栗、马蹄等，这么多名字中，马蹄最广为人知。

　　荸荠作为一种多年生水生草本植物，没有叶片，不可避免高度依赖茎的支撑

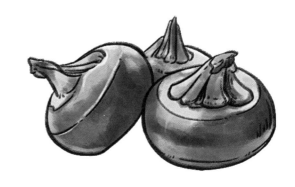

与营养输送，地下匍匐茎末端便用来储藏养分以至变态发育成球茎，球茎即马蹄。当然，可供食用的马蹄是人类选育的结果，野生荸荠的球茎并不如栽培的甜，有些甚至不长球茎。

荸荠生熟食均可，最有名的莫过于扬州狮子头，除了可以作为熟食，也常被人视作水果零食，但生食务必洗干净，因其生长环境容易附着寄生虫。

莲藕（莲） *Nelumbo nucifera*　　　　山龙眼目 莲科

莲藕，学名莲。

花中君子"莲"，俗称众多，如荷藕、芙蕖等；到了夏天，可见"接天莲叶无穷碧，映日荷花别样红"，不仅好看，也好吃，莲子可做甜羹，莲叶可做粉蒸肉、荷叶鸡，花瓣可泡茶……

被列入水中八仙之一的，则是深藏水底的根茎——莲藕。根状茎（藕）可作蔬菜或制作淀粉（藕粉），用其煲汤甚为寻常，特别是筒骨炖莲藕，揭盖后，香气扑鼻，藕片起沙，肉烂如泥，骨髓的香醇更让人欲罢不能。藕片能吃出软糯口感，是因为选了七孔藕，也叫粉藕，这种莲藕粉性较大，藕节粗短，颜色褐黄，十分适合慢火炖煮；常见的还有九孔藕，俗称脆藕，水分更多更清甜，藕节细长，外观滑白，适合凉拌或清炒。

华夏慈姑 *Sagittaria trifolia* Subsp. Leucopetla

泽泻目 泽泻科

华夏慈姑，俗称慈姑、燕尾草、剪刀草等，也被写为茨菇、茨菰。

华夏慈姑为泽泻科植物野慈姑的栽培变种。野慈姑在长江流域的湿地中广泛分布，叶如箭头是慈姑最大特征，具纤匐枝，广州人称之为慈姑丁，寓意多子多福，年菜必备。按照球茎颜色一般分为黄白慈姑与青紫慈姑两类，其中，黄白慈姑就包括有名的苏州黄以及广东白肉慈姑。市场上则有长、圆两种慈姑，长者一般有三节，肉色黄白，口感香脆；圆者肉白，口感略苦，两者都不能生吃。

莼菜 *Brasenia schreberi*

睡莲目 莼菜科

保护级别 野生种群列入《国家重点保护野生植物名录》二级

莼菜是多年生水生草本植物，生在池塘、河湖或沼泽。又名水葵，叶片多呈现卵形或椭圆形，莼菜吃的是幼嫩的叶芽，其叶片未展开时，叶背与嫩茎常被以胶状透明物质，

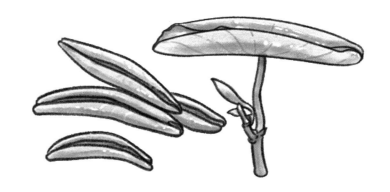

可采作羹汤，味极鲜美，为菜肴中之珍品。苏州人每每吃它都会想起"莼鲈之思"的典故，即西晋吴中名士张季鹰因思念莼菜鲈鱼的美味而辞官回乡，足见这莼菜的魅力之大。

水芹 *Oenanthe javanica*

水芹多生于浅水低洼地方或池沼、水沟旁。多春节后上市，但随着农业技术的进步，有些地方全年都能买到水芹。茎叶可作蔬菜食用，不过我们多不食用叶子而只食用茎秆，焯水，切段，清炒或凉拌，给餐桌上带来一种特殊的香气。水芹菜与芹菜外貌相似，口味也相似，两者比较明显的差别是水芹茎秆是空心的。还有一种白芹，就是将水芹种上旱地的新技术产品。

茭白（菰） *Zizania latifolia*

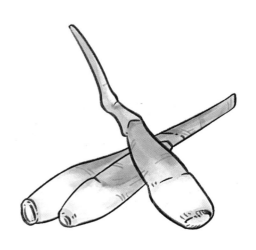

植物学里，并没有茭白，茭白指菰感染黑粉菌之后膨胀的茎部。菰是水边常见的野草，种子"菰米"可食。一方面，菰虽能产米，但生于江河边，收割麻烦；另一方面，五谷稻、黍、稷、麦、菽已然流行，选择众多，人们也就不再注重菰米。不知何时起，菰染上一种真菌，名叫菰黑粉菌，这种真菌会分泌生长激素，刺激菰嫩茎部位膨大以至形成笋状茎，也就是我们常见的茭白。菰黑粉菌除了促成茭白，同时因为茎叶光合作用所制造的养分尽数被夺，也导致菰不能结穗。后来人们发现，被感染膨大形成的笋状茎更加好吃，经过刻意驯化，就有了今天的茭白。

菱角（欧菱）*Trapa natans*

桃金娘目 千屈菜科

欧菱是菱角的一种，俗称水栗、沙角、菱实等。欧菱为漂浮植物，菱形叶片旋转、重叠，排列成莲座一样的菱盘，漂浮在水面上，叶片的叶柄处长有一个小"气囊"，这是菱叶得以漂浮的原因。

到了夏天，各种菱角上市，有乌菱、青菱、红菱、紫菱等，无角的、两角的、三角的、四角的都有。古人还有一种说法，两角是"菱"，三四角称之为"芰"。

自古江南盛产地，丽人曾唱采红菱。一般认为，菱角以红菱品质最好，壳薄肉嫩，味道鲜甜，特别是刚出水的嫩菱，江南人甚至以生吃为快；而菱角一旦运到北方，自然老熟，便谓之老菱，但老菱风干后，却清香不减，粉糯有加，尤适清炒慢炖，因此更受北方人青睐。

鸡头米（芡）*Euryale ferox*

睡莲目 睡莲科

鸡头米，学名芡。

芡的叶子大而圆，其大型浮水叶直径可达2～3米，远超荷叶、睡莲叶，叶表面还长有利刺。夏季芡开花，花朵看起来与睡莲十分相似，但花梗和萼片上同样有刺。花后结出的果实上也长满刺，芡的种子即为芡实，俗称肇实或鸡头米。这个名字非常形象，因为它的果实很像一个鸡头，剥开来，是一颗一颗坚硬的黄色种子，再把种壳剥开，才能看到洁白的种仁，这便是我们吃的鸡头米。芡实常用于制作芡实粥或鸡头米汤，有防暑降温之功效，最初的芡粉便来自芡实。

第九章

长江大保护

　　长江拥有独特的生态系统，是我国重要的生态宝库，也是我国淡水渔业的摇篮、经济鱼类的原种基地。长江渔业苗种丰富，并有种质优势、生长快、抗病力强等特点，在我国淡水渔业经济中具有举足轻重的地位。

　　多年来，人类活动的干扰是威胁长江流域水生生物的主要因素，如过度捕捞、水域污染、拦河筑坝、航道整治、岸坡硬化、挖沙采石，导致流域生态系统逆向演变——严重退化或碎片化，显著影响了物种栖息地、生物多样性组成，特别是影响了河流和湖泊生态系统的健康、鱼类多样性的组成和维持。长江流域河流和湖泊中的水生生物多样性指数持续下降，珍稀、特有物种资源衰退，中华鲟、长江鲟和长江江豚等物种极度濒危，青鱼、草鱼、鲢鱼和鳙鱼野生资源量比1980年减少了90%以上，鱼苗年产量从300亿尾下降到目前的10亿尾左右。长江流域自然渔业资源捕捞量1954年曾高达42.7万吨，到20世纪80年代下降到20余万吨。如今，与20世纪50年代相比，长江干流的渔业资源量下降了80%，长江水系受威胁物种数位居全国各大河流之首。

　　当前，长江流域水生生物中列入《中国濒危动物红皮书》的濒危鱼类达92种，列入《濒危野生动植物种国际贸易公约》附录的物种已经接近300种。总体来看，长江水生生物资源持续衰退，生物多样性指数持续下降，鱼类资源趋于小型化、低龄化，珍稀水生动物的濒危程度在加剧，水域生态系统修复任务非常艰巨。除了人类活动的负面影响，全

球气候变化也极大地改变了长江流域的自然生态和水文过程，对人类社会和生态系统造成了一系列威胁，包括极端天气事件的增加、流域水质下降和生态系统稳定性下降。如何协调长江流域内社会、经济和自然之间的关系，早已经成为流域保护和发展的重要议题。

所谓保护生态，主要任务之一就是保护生物的多样性。可能有人会觉得，少了几种生物，固然遗憾，但也不会对人类自身造成太大的影响。殊不知，生物与环境会相互影响、相互制约。水体生态系统极为复杂，生物数量的变化会带来哪些影响还不明确，但无可置疑的是，对生态的破坏最终会伤及我们人类自身。

2020 年 1 月 1 日零时，长江十年禁渔计划实施，重点水域开始分类分阶段禁止天然渔业资源的生产性捕捞。长江干流和重要支流中，水生生物自然保护区和水产种质资源保护区以外的天然水域，最迟也将于 2021 年 1 月 1 日零时起开始禁渔。这是我国生态保护事业中的历史性一幕。随着十年禁渔的开展，"江烟淡淡雨疏疏，老翁破浪行捕鱼"的画面将从长江上暂时消失，让长江休养生息，长江才能持续保有活力。

随后，《中华人民共和国长江保护法》（以下简称《长江保护法》）于 2020 年 12 月 26 日，由第十三届全国人民代表大会常务委员会第二十四次会议通过，自 2021 年 3 月 1 日起施行。《长江保护法》的立法与实施是我国在流域生态治理和环境保护领域一次开天辟地的创举。作为我国第一部针对流域保护的特殊法、专门法，《长江保护法》从生态系统的整体性和流域的系统性出发，将"生态优先、绿色发展""共抓大保护、不搞大开发"理念和要求贯穿始终，旨在加强长江流域生态环境保护和修复，促进资源合理高效利用，保障生态安全，实现人与自然和谐共生、中华民族永续发展。

水之利害

我们依江而居，不停地接受着来自江河的馈赠：水，水能，航运，生物……这些馈赠，成为我们得以不断延续下去的源泉。

1996 年，在湖南最早的古城——澧县城头山遗址，发现了世界最早的古稻田，距今约 6000 多年。美国哈佛大学人类学系终身教授奥佛等专家认为，以澧阳平原为代表的长江中游地区，是世界水稻的起源与传播中心之一，水稻起源之谜，已基本破解。现今，长江流域依然是中国重要的产粮区之一，产粮几乎占全国的一半，其中水稻达总量的 70%。此外，还种植许多其他作物，有棉花、小麦、油菜、玉米、豆类等。

亿万年江河泥沙的堆积，形成大片的肥沃平原，地形的优势再加上水资源丰富，在长江中下游平原形成了现如今中国最庞大的城市群——长江三角洲城市群。长江水量和水利资源丰富，盛水期，万吨轮可通武汉，小轮可上溯宜宾。长江流域是中国人口密集、经济繁荣的地区，沿江重要城市有重庆、武汉、南京和上海等。

如今，我们进入了绿色能源时代，长江所蕴含的能量更是不容小觑。长江是中国水量最丰富的河流，水资源总量 9616 亿立方米，约占全国河流径流总量的 36%，为黄河的 20 倍；其水流量在世界仅次于赤道雨林地带的亚马孙河和刚果河（扎伊尔河），居第三位，

可供开发的水能总量达 2 亿千瓦，是中国水能最富有的河流。

长江干流通航里程达 2800 多千米，是中国主要的运输河流，客货运输密集。长江是海路的延续，将内陆和沿海的港口与其他主要城市连成一个运输网，其中南京、武汉与重庆起主要作用。长江通过大运河与黄河及渭水相通，大运河还与杭州及天津的海港联系在一起。由于中国经济的持续快速发展，加之长江沿线的航道不断得到整治，进入 21 世纪后，长江航运更是迅猛发展。长江三峡水利枢纽正式完工后，5000 吨级船舶和万吨级船队可全年上行至重庆。

长江给我们的生产生活带来巨大便利的同时，也带来了不可忽视的伤害。长江流域

长江 施辰舞 摄

各地区发生干旱与洪涝灾害的史料记载悠久，最早的旱灾记述在公元前190年："夏，大旱，江河水少，溪谷绝"（《汉书·五行志》）；公元前185年："夏，江水、汉水溢，流民四千余家"（《汉书·高后纪》）。

近百年来，长江流域也出现过比较严重的旱涝灾害典型年份，每年雨季的来临，长江中下游地区作为人口最密集的区域，防洪工作永远都是重中之重。造成长江洪灾的自然原因主要是天气原因，即雨洪。长江流域基本处于东亚副热带季风区，大部分属于亚热带。流域面积约180万平方千米，干流长6300余千米。西部为高程5000米以上的高山高原区，东濒大海，地势低平，气候条件、地形条件变化大。在流域的上游有冰川冰雪融水，

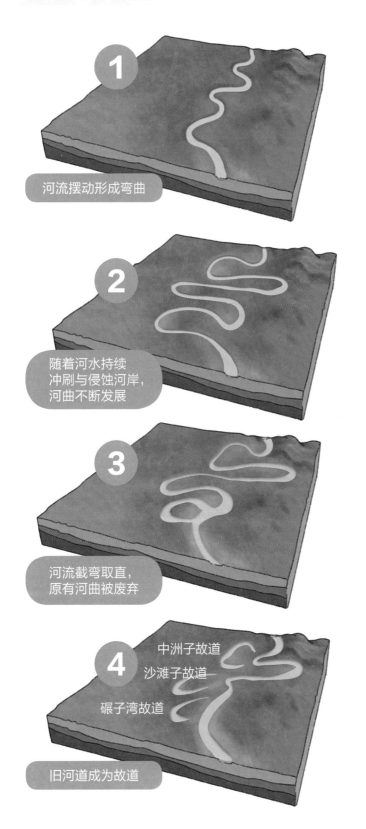

1 河流摆动形成弯曲

2 随着河水持续冲刷与侵蚀河岸，河曲不断发展

3 河流截弯取直，原有河曲被废弃

4 中洲子故道
沙滩子故道
碾子湾故道

旧河道成为故道

但水量相对较小，仅组成河道部分基流；从全流域来说，暴雨洪水是主要的，一般占年径流量的70%～80%，这也就是为什么夏季洪涝灾害频发的主要原因。还有一个重要的原因，长江中下游作为中国地势的第三级阶梯，多以平原丘陵地形为主，地势相对平坦，长江从源头顺着地势落差一路向东，到达中下游平原地区，地形原因导致水道变得蜿蜒曲折，在水道转弯处，流速变缓，极易造成泥沙淤积，从而发生洪涝灾害。

如九曲十八弯特指长江中游的荆江河段。荆江，是长江自湖北省枝城至湖南省岳阳县城陵矶段的别称，因属于古代的荆州而得名，全长360千米。藕池口以上称上荆江，以下称下荆江。下荆江河道蜿蜒曲折，有"九曲回肠"之称。荆江以北是古云梦大泽范围，以南是洞庭湖，地势低洼，长江带来的泥沙在此大量沉积。东晋时代开始筑堤防水，围垦云梦大泽,至明代形成北岸荆江大堤。由于泥沙不断沉积,河床已高出两岸平原,成了"地上河"。由于荆江河道弯曲,洪水宣泄不畅,故极易溃堤成灾,有"万里长江,险在荆江"之说。为此,"截弯取直"成了一种很好的选择,一方面河曲发育到一定程度,河曲的颈部越来越细,这时候一次洪水就可能造成自然的"截弯取直";另一方面智慧的劳动人民也会进行人为的"截弯取直"来解决河道淤积问题,不论是哪种方法,"截弯取直"后,原来的弯曲河道便称为长江故道,成为长江流域重要的生态湿地。

泥沙淤积形成沙洲,但是在航运如此重要的今天,泥沙淤积、航道阻塞是长江作为黄金水道的一项很大的挑战。航道水深达不到航行要求,必须出动清淤船,耗费大量人力物力进行清淤工作,而对长江流域底栖生物来说,这将是一场灭顶之灾,继而给长江的生态和生物多样性带来几乎不可修复的负面影响。

十年禁渔

　　人类活动对长江生态环境造成破坏，导致长江多种动物数量都有较严重的衰减。扬子鳄是我国特有的一种鳄鱼，并且是全世界现存小型鳄鱼，被世界自然保护联盟列为"极危"物种，属于我国一级保护动物。如今我国野外的扬子鳄种群数量并不多，仅200条左右。长江鲟又名达氏鲟，有"水中大熊猫"之称，已有1.5亿年的历史，为淡水定居性鱼类，是我国长江独有的珍稀野生动物，属国家一级保护动物，被世界自然保护联盟宣布"野外灭绝"。长江江豚是长江里唯一的淡水哺乳动物，近20年来种群数量快速衰减，目前仅剩1000头左右。尤其是长期以来的滥捕滥捞使得长江流域渔业资源受到极大的冲击，渔业资源越捕越少，生态越捕越糟，渔民越捕越穷。目前长江渔业资源年均捕捞产量不足10万吨，仅占我国水产品总产量的0.15%。长江这条中华民族的母亲河已经受到了极大的伤害，我们要从过去的错误中深刻地吸取教训，对于自然资源的利用一定要适可而止，一旦过度地开采，总会有枯竭的一天，我们将会花费更高的成本来修复，得不偿失。

　　水生生物多样性是长江流域生态系统健康状况的评估标准之一。流域生态系统是典型的"山水林田湖草"生命共同体。降水和地表径流把流域内各个部分有机地联系在一起，其中湿地（特别是河流）的水资源、水生态、水环境和水灾害反映了生命共同体各部分之间发生的过程，而这些过程又决定了流域生态系统及其亚流域的结构与功能。水生生态系统是流域维系物质循环、净化水域环境的重要组成部分，它以水生生物为主体，没有水生生物的水体就是没有生命的"一潭死水"。同时，流域生态系统的食物网中最重要和最敏感的组成部分也是水生生物。因此，评估与维持长江流域生态系统健康的重要标志之一是水生生物多样性，而水生生物中最关键的类群是鱼类。所以，鱼类多样性被视为流域生态系统的结构与功能是否健康的主要指标，在长江大保护战略中受到高度关注。

白鲟的灭绝给了人们更多启示。白鲟体型硕大，体长可达七八米，游速迅疾，被称为"中国淡水鱼之王"，也是世界十种最大的淡水鱼之一。它属于河海洄游鱼类，对长江上、中、下游的生态环境以及栖息地连通性的依赖性极强。白鲟处于流域生态系统中食物链的顶端，而这样顶级物种的灭绝清晰地表明长江流域需要系统性保护。与白鲟类似，中华鲟也属于河海洄游鱼类，它的长期生存需要完整的栖息地和洄游路线，这就要求从全流域尺度共抓大保护。要想恢复长江的生态系统，要根据鱼类等水生生物保护和水域生态修复的实际需求，设法恢复流域内水生生物重要栖息地的生态功能。

"十年禁渔"又称"十年禁捕"，是指在重点水域实行暂定十年的禁止天然渔业资

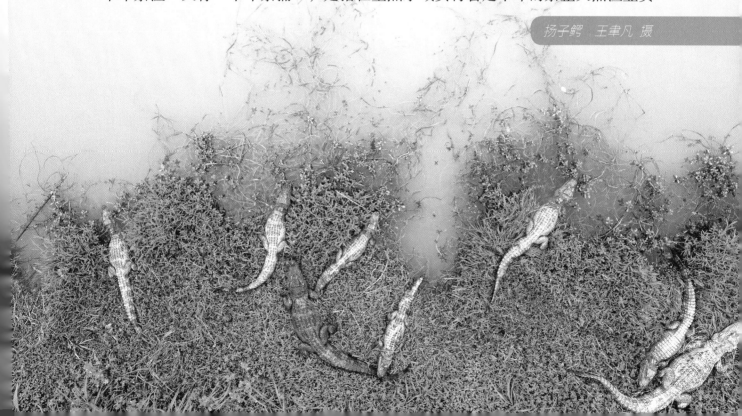

扬子鳄 王聿凡 摄

源的生产性捕捞，禁止捕捞的主要对象包括鱼类、甲壳类、贝类、藻类等水生经济动植物。

"十年禁渔"制度的设计，是基于从 2002 年开始的禁渔措施，以及各种保护长江水生生物多样性和生态系统完整性认识的科学总结。农业部自 2002 年就开始实行春季禁渔期制度，2016 年又延长了禁渔期时长，扩大了禁渔区范围。这种禁渔方式虽取得了一定效果，但禁渔期一结束，渔业资源很快又被捕捞殆尽，禁渔效果不尽如人意。2017 年，农业部推动在长江的一级支流赤水河开始试行常年禁捕，取得了很好的效果。最终，根据中央部署，从 2021 年 1 月 1 日零时起，长江流域重点水域开始实行十年禁渔。

首先，从生物生长规律考虑，禁渔时长暂定为十年，其主要原因是已有科学研究和保护实践表明，青鱼、草鱼、鲢和鳙等长江捕捞的主要鱼类完成生活史通常需要四年，禁渔十年预计可让这些鱼类繁衍两三代，野生种群有望得到恢复。在此期间，其他水生经济动植物同样有恢复机会。

其次，从禁止捕捞的区域范围考虑，本次范围涵盖长江流域 332 个水生生物保护区、水产种质资源保护区，以及"一江两湖七河"等重点水域。这主要考虑到珍稀濒危和特有鱼类在长江流域的空间分布，以及洄游鱼类生活史不同阶段对栖息地的需求。

再次，从生态系统保护考虑，十年禁渔保护的不只是鱼类，而是整个长江水生生态系统。无论从生态学还是从自然资源经济学预测，十年禁渔都将有比较好的效果。从生态学维度预测，十年禁渔有助于以鱼类为代表的长江水生生物的繁衍生息，最终恢复长江流域的大部分水生生物，维护流域生态系统完整性，提升长江生命力。从自然资源经济学维度预测，十年禁渔可提升流域生态系统服务功能，促进自然资源可持续利用，为长江经济带高质量发展提供支撑。

研究表明，长江流域上、中、下游地区的自然、社会与经济共同构成一个完整的复合生态系统，这个复合生态系统的各个组成部分之间联系非常紧密，牵一发而动全身。在长江大保护实践过程中，除了努力减少水质污染等措施外，"十年禁渔"制度是关键之举，也是恢复长江的生态系统完整性和流域系统性的重要一步。

立法长江

　　《中华人民共和国长江保护法》，简称《长江保护法》，于 2020 年 12 月 26 日由第十三届全国人民代表大会常务委员会第二十四次会议通过，自 2021 年 3 月 1 日起施行。适用地域范围为长江全流域相关县级行政区域。《长江保护法》规定，长江流域经济社会发展，应当坚持生态优先、绿色发展，共抓大保护、不搞大开发；长江保护应当坚持统筹协调、科学规划、创新驱动、系统治理。

长江保护，法制先行。《长江保护法》是我国第一部流域专门法律，对于贯彻新时代生态环境保护理念，加强长江流域生态环境保护与修复，促进资源合理高效利用，保障生态安全，实现人与自然和谐共生、中华民族永续发展，非常必要、非常及时。

《长江保护法》包括总则、规划与管控、资源保护、水污染防治、生态环境修复、绿色发展、保障与监督、法律责任和附则 9 章，共 96 条。

以下解读《长江保护法》六个关键词。

关键词 1：流域法——我国第一部流域专门法律

第四条　国家建立长江流域协调机制，统一指导、统筹协调长江保护工作，审议长江保护重大政策、重大规划，协调跨地区跨部门重大事项，督促检查长江保护重要工作的落实情况。

《长江保护法》是我国第一部流域专门法律，是流域一体化管理理念的流域尺度的生态环境保护法律，这些问题大多具有特殊性和顽固性，是既有法律无法完全规制的，因而需要更具有针对性、适用性的生态环境保护标准和严格法律责任。《长江保护法》确立了"长江流域协调机制"，以着力解决涉及全流域的重大问题，统筹协调中央与地方、部门与部门、流域与区域、区域与区域之间的关系，建立起统分结合、整体联动的长江流域管理体制，其与《水污染防治法》《水法》《航道法》等相关法律相比，既有不同的侧重领域，又存在较密切的衔接关系。

关键词 2：生态修复——生态环境保护与资源合理利用

第一条　为了加强长江流域生态环境保护和修复，促进资源合理高效利用，保障生态安全，实现人与自然和谐共生、中华民族永续发展，制定本法。

《长江保护法》确立了长江大保护的科学内涵与完整制度体系。生态、环境、资源是人类生存发展的三大自然要素,三者之间相互依存、影响、制约。《长江保护法》贯彻新时代生态环境保护理念,从国家立法层面,着眼于"生态""环境""资源"三个有区别的一体化保护机制,强调生态环境保护与资源合理利用之间的相互关联、相互促进的科学关系。因此,长江大保护,要保护生态和环境,必然涉及水资源、土地资源、草原资源、湿地资源、航运资源、渔业资源、河砂资源、岸线资源、生物资源、气候资源以及山水林田湖草沙等各类资源的保护和修复。

关键词 3:水生生物——减少对重要水生生物的干扰

第八条 ……国务院野生动物保护主管部门应当每十年组织一次野生动物及其栖息地状况普查,或者根据需要组织开展专项调查,建立野生动物资源档案,并向社会公布长江流域野生动物资源状况……

生物多样性是指一定区域内的所有生物,是生物与环境形成的生态复合体以及与此相关的各种生态过程的总和。淡水生物多样性是全球生物多样性的重要组成部分。《长江保护法》要求对于长江流域在重要栖息地开展生物多样性调查,建立长江流域水生生物完整性指数评价体系,并组织开展长江流域水生生物完整性评价。同时针对濒危、珍稀、特有水生生物,维持其生存繁衍所需的水文、水质、底质、植被等生境条件。

关键词 4:退捕禁捕——一系列举措破解长江"无鱼"之困

第五十三条 ……在长江流域水生生物保护区全面禁止生产性捕捞;在国家规定的期限内,长江干流和重要支流、大型通江湖泊、长江河口规定区域等重点水域全面禁止天然渔业资源的生产性捕捞……

《长江保护法》提出,国家对长江流域重点水域实行严格捕捞管理。在长江流域水生生物保护区全面禁止生产性捕捞;在国家规定的期限内,长江干流和重要支流、大型通江湖泊、长江河口规定区域等重点水域全面禁止天然渔业资源的生产性捕捞。国务院农业农村主管部门会同国务院有关部门和长江流域省级人民政府加强长江流域禁捕执法工作，严厉查处电鱼、毒鱼、炸鱼等破坏渔业资源和生态环境的捕捞行为。长江流域县级以上地方人民政府应当按照国家有关规定做好长江流域重点水域退捕渔民的补偿、转产和社会保障工作。

关键词 5：规范采砂——依法划定禁止采砂区和禁止采砂期

第九十一条 违反本法规定，在长江流域未依法取得许可从事采砂活动，或者在禁止采砂区和禁止采砂期从事采砂活动的，由国务院水行政主管部门有关流域管理机构或者县级以上地方人民政府水行政主管部门责令停止违法行为……

《长江保护法》规定，国家建立长江流域河道采砂规划和许可制度。长江流域河道采砂应当依法取得国务院水行政主管部门有关流域管理机构或者县级以上地方人民政府水行政主管部门的许可。加强长江流域空间管控，加强长江流域河道、湖泊保护工作，建立长江流域河道采砂规划和许可制度，禁止在长江流域禁止采砂区和禁止采砂期从事采砂活动。开展河道泥沙观测和河势调查。

关键词 6：污染防治——保护法明确长江流域控制总磷排放

第四十六条 长江流域省级人民政府制定本行政区域的总磷污染控制方案，并组织实施。对磷矿、磷肥生产集中的长江干支流，有关省级人民政府应当制定更加严格的总磷排放管控要求，有效控制总磷排放总量……

总磷是水体中磷元素的总含量，是水体富营养化的重要因子。含磷的矿山尾矿、渣场等在雨水的淋溶作用下进入地表径流或渗入地下水，造成水体污染。

近年来，总磷污染成为长江流域的突出性污染问题，也成为长江流域水环境改善的关键因子。长江流域依托磷矿资源，流域内布局了大量的涉磷企业；尤其是长江中上游磷化工企业众多，长江沿岸涉磷企业的无序发展、涉磷企业废水排放、涉磷企业事故污染排放，以及磷矿开采产生的工业废水、磷石膏不当堆存造成的渗滤液渗漏污染地下水等一系列问题带来的水环境污染问题已不容忽视。《长江保护法》出台后，将由长江流域省级人民政府制定本行政区域的总磷污染控制方案，并组织实施，要求对涉磷企业达标排放治理、初期雨水收集处理、物料遗撒和跑冒滴漏管理、渗滤液拦蓄设施和地下水监测井建设情况等开展排查整治，有效缓解长江总磷污染。

《长江保护法》在我国现行法律体系中具有独特的地位，不仅是我国第一部流域专门法律，更是在深刻理解流域立法特点和长江流域特色基础上，由国家统领，跨行政区域与职能部门参与研究、制定而成。《长江保护法》为实施流域综合治理提供了法律依据，为以后其他流域生态环境保护立法建设提供了完整性、系统性立法创新与实践参考，对于适时推进黄河流域立法，以及其他流域立法具有重要借鉴意义。

附录一
长江干流上已建的桥

（根据公开资料整理，选100座已建成的桥）

序号	名称	省份（直辖市）	通车时间
1	武汉长江大桥	湖北	1957 年
2	白沙沱长江大桥	重庆	1960 年
3	南京长江大桥	江苏	1968 年
4	枝城长江大桥	湖北	1971 年
5	重庆长江大桥	重庆	1980 年
6	葛洲坝三江大桥	湖北	1981 年
7	泸州长江大桥	四川	1982 年
8	九江长江大桥	江西、湖北	1993 年
9	扬中长江一桥	江苏	1993 年
10	武汉长江二桥	湖北	1995 年
11	铜陵长江公路大桥	安徽	1995 年
12	黄石长江大桥	湖北	1995 年
13	西陵长江大桥	湖北	1996 年
14	李家沱大桥	重庆	1997 年

序号	名称	省份（直辖市）	通车时间
15	丰都长江大桥	重庆	1997 年
16	涪陵长江大桥	重庆	1997 年
17	万州长江大桥	重庆	1997 年
18	江津长江大桥	重庆	1997 年
19	江阴长江公路大桥	江苏	1999 年
20	芜湖长江大桥	安徽	2000 年
21	武汉白沙洲大桥	湖北	2000 年
22	隆纳高速长江大桥 / 泸州长江二桥	四川	2000 年
23	鹅公岩长江大桥	重庆	2000 年
24	南京长江第二大桥	江苏	2001 年
25	忠县长江大桥	重庆	2001 年
26	宜昌长江公路大桥	湖北	2001 年
27	夷陵长江大桥	湖北	2001 年
28	武汉军山长江大桥	湖北	2001 年
29	大佛寺长江大桥	重庆	2001 年
30	马桑溪长江大桥	重庆	2001 年
31	鄂黄长江大桥	湖北	2002 年
32	荆州长江大桥	湖北	2002 年
33	万州长江二桥	重庆	2003 年
34	巫山长江大桥	重庆	2004 年
35	巴东长江大桥	湖北	2004 年
36	地维长江大桥	重庆	2004 年
37	泸州长江铁路大桥	四川	2004 年
38	扬中长江二桥	江苏	2004 年

序号	名称	省份	通车时间
39	安庆长江大桥	安徽	2004 年
40	润扬长江大桥	江苏	2005 年
41	渝怀铁路长寿长江大桥	重庆	2005 年
42	云阳长江大桥	重庆	2005 年
43	南京长江第三大桥	江苏	2005 年
44	奉节长江大桥	重庆	2006 年
45	广阳岛长江大桥	重庆	2006 年
46	宜宾江安长江大桥	四川	2007 年
47	菜园坝长江大桥	重庆	2007 年
48	涪陵李渡长江大桥	重庆	2007 年
49	武汉阳逻长江大桥	湖北	2007 年
50	宜宾长江大桥	四川	2008 年
51	苏通长江公路大桥	江苏	2008 年
52	泸州泰安长江大桥	四川	2008 年
53	重庆鱼洞长江大桥	重庆	2008 年
54	长寿长江大桥	重庆	2009 年
55	朝天门长江大桥	重庆	2009 年
56	重庆鱼嘴长江大桥	重庆	2009 年
57	涪陵石板沟长江大桥	重庆	2009 年
58	上海长江大桥	上海	2009 年
59	武汉天兴洲长江大桥	湖北	2009 年
60	外环江津长江大桥	重庆	2009 年
61	鄂东长江大桥	湖北	2010 年
62	荆岳长江大桥	湖北、湖南	2010 年

序号	名称	省份	通车时间
63	宜万铁路万州长江大桥	重庆	2010 年
64	宜万铁路宜昌长江大桥	湖北	2010 年
65	武汉二七长江大桥	湖北	2011 年
66	崇启大桥	江苏、上海	2011 年
67	南京大胜关长江大桥	江苏	2011 年
68	泸州国窖大桥	四川	2012 年
69	泰州长江大桥	江苏	2012 年
70	扬中长江大桥	江苏	2012 年
71	南京长江四桥	江苏	2012 年
72	宜宾南溪长江大桥	四川	2012 年
73	合江长江一桥波司登大桥	四川	2013 年
74	合江长江二桥康博大桥	四川	2013 年
75	江津鼎山长江大桥	重庆	2013 年
76	涪陵青草背长江大桥	重庆	2013 年
77	九江长江二桥	江西、湖北	2013 年
78	如皋长江大桥	江苏	2013 年
79	韩家沱长江特大桥	重庆	2013 年
80	武汉鹦鹉洲长江大桥	湖北	2013 年
81	马鞍山长江大桥	安徽	2013 年
82	重庆东水门长江大桥	重庆	2014 年
83	泸州黄舣长江大桥	四川	2014 年
84	黄冈长江大桥	湖北	2014 年
85	永川长江大桥	重庆	2014 年
86	扬中长江三桥	江苏	2014 年

序号	名称	省份	通车时间
87	铜陵长江公铁大桥	安徽	2015 年
88	安庆长江铁路大桥	安徽	2015 年
89	江津几江长江大桥	重庆	2016 年
90	宜昌至喜长江大桥	湖北	2016 年
91	望东长江大桥	安徽	2016 年
92	丰都长江二桥	重庆	2017 年
93	万州驸马长江大桥	重庆	2017 年
94	武汉沌口长江公路大桥	湖北	2017 年
95	芜湖长江二桥	安徽	2017 年
96	寸滩长江大桥	重庆	2017 年
97	新白沙沱长江特大桥	重庆	2018 年
98	宜宾南溪仙源长江大桥	四川	2019 年
99	牌楼长江大桥	重庆	2019 年
100	荆州长江公铁大桥	湖北	2019 年

附录二
参考文献

[1] 刘跃清. 天堑变通途: 南京长江大桥纪实 [M]. 南京: 南京出版社, 2019.

[2] 南京市地方志编纂委员会办公室. 南京市志 (交通·邮电) [M]. 南京: 方志出版社, 2011.

[3] 杨洪建. 南京长江大桥故事 [M]. 南京: 南京出版社, 2019.

[4] 章剑华. 大江之上: 长江大桥建设三部曲 (中华人民共和国成立 70 周年主题读物) [M]. 南京: 江苏人民出版社, 2019.

[5] 高耀亭, 等. 中国动物志·兽纲: 第八卷: 食肉目 [M]. 北京: 科学出版社, 1987.

[6] 罗泽珣, 等. 中国动物志·兽纲: 第六卷: 啮齿目 (下) 仓鼠科 [M]. 北京: 科学出版社, 2000.

[7] 蒋志刚, 马勇, 吴毅, 等. 中国哺乳动物多样性及地理分布 [M]. 北京: 科学出版社, 2015.

[8] 史密斯, 解焱. 中国兽类野外手册 [M]. 长沙: 湖南教育出版社, 2009.

[9] 王丕烈. 中国鲸类 [M]. 北京: 化学化工出版社, 2012.

[10] 杨光, 等. 长江江豚保护与研究: 大江豚影 [M]. 南京: 江苏凤凰教育出版社, 2021.

[11] 周开亚 . 中国动物志·兽纲：第九卷：鲸目 食肉目 海豹总科 海牛目 [M]. 北京：科学出版社，2004.

[12] 朱方 . 历代诗文里的长江江豚 [M]. 南京：江苏凤凰教育出版社，2021.

[13] 托尔斯滕·菲舍尔 . 各种各样的鱼 [M]. 徐小清，译 . 武汉：湖北教育出版社，2009.

[14] 丁平，张正旺，梁伟，等 . 中国森林鸟类 [M]. 长沙：湖南科学技术出版社，2019.

[15] 刘阳，陈水华 . 中国鸟类观察手册 [M]. 长沙：湖南科学技术出版社，2021.

[16] 鲁长虎 . 江苏鸟类 [M]. 北京：中国林业出版社，2015.

[17] 马志军，陈水华 . 中国海洋与湿地鸟类 [M]. 长沙：湖南科学技术出版社，2018.

[18] 曲利明 . 中国鸟类图鉴：（全 3 册）[M]. 福州：海峡书局，2013.

[19] 约翰·马敬能，卡伦·菲力普斯，何芬奇 . 中国鸟类野外手册 [M]. 卢和芬，译 . 长沙：湖南教育出版社，2000.

[20] 赵正阶 . 中国鸟类手册上卷：非雀形目 [M]. 长春：吉林科学技术出版社，1995.

[21] 赵正阶 . 中国鸟类志下卷：雀形目 [M]. 长春：吉林科学技术出版社，2001.

[22] 郑光美 . 中国鸟类分类与分布名录 [M]. 北京：科学出版社，2017.

[23] 郑作新，卢汰春，杨岚，等 . 中国动物志：鸟纲 [M]. 北京：科学出版社，2010.

[24] 成雄伟 . 我国苎麻纺织工业历史现状及发展 [J]. 中国麻业科学，2007（S1）:77–85.

[25] 陈荣圻 . 天然染料及其染色 [J]. 染料与染色，2015，52（3）:1–11.

[26] 唐金萍 . 中国古代服饰中的黄色研究 [D]. 北京：北京服装学院，2015.

[27] 马智勇 . 金丝楠的鉴别和收藏 [J]. 收藏，2013（9）:248–251.

[28] 江苏省地方志编纂委员会 . 江苏省志 10: 生物志·动物篇 [M]. 南京：凤凰出版社，2005.

[29] 江苏省生态环境厅 . 江苏省重点动植物保护物种图册 [M]. 南京：南京师范大学出版社，2021.